谨以此书，致敬追求聪明的人！

聪明大脑

提高逻辑力的谜题

魔法石　牛魔王　著

中国纺织出版社有限公司

内 容 提 要

逻辑力是人类大脑理性分析和判断的基础，对于成人有助于更好地解决日常生活中的复杂实际问题，对于学生有助于准确快速解决数理化等学科问题。不管你天生聪明与否，逻辑力都可以通过后天的学习和训练得以提升。这本书列举了45道题目，它们非常有趣却又能让人脑洞大开，需要用严密的逻辑推理以及灵光一现的反常识灵感才能解开。作者也提供了独辟蹊径、令人大开眼界的解析和讨论，帮你提高逻辑力。解开这些题目，你不但可以享受解题带来的乐趣，还可以从中获得启发，解决生活中的难题。

图书在版编目（CIP）数据

聪明大脑：提高逻辑力的谜题／魔法石，牛魔王著.
--北京：中国纺织出版社有限公司，2020.10
ISBN 978-7-5180-7747-2

Ⅰ．①聪… Ⅱ．①魔… ②牛… Ⅲ．①逻辑推理—通俗读物 Ⅳ.①B812.23-49

中国版本图书馆CIP数据核字（2020）第145679号

策划编辑：郝珊珊　　责任校对：高　涵　　责任印制：储志伟

中国纺织出版社有限公司出版发行
地址：北京市朝阳区百子湾东里A407号楼　邮政编码：100124
销售电话：010—67004422　传真：010—87155801
http://www.c-textilep.com
中国纺织出版社天猫旗舰店
官方微博http://weibo.com/2119887771
天津千鹤文化传播有限公司印刷　各地新华书店经销
2020年10月第1版第1次印刷
开本：880×1230　1/16　印张：5.5
字数：148千字　定价：39.80元

再版序

出于对"新、奇、特"事物的狂热追求,我们俩从偶然相识到成为非常好的朋友,也与这些烧脑的玩意儿分不开。

于是突发其想地想把这些好玩儿的东西写下来,就有了之前大家看到的那本《我怎么没想到:提高逻辑推理能力的思维名题》。令我们也没想到的是,本来不太抱希望的一本书,居然卖得很火,一次次地加印,据说还不小心荣登了某网站的销售排行榜。

惭愧惭愧啊!

说实话,这种书籍与"文学"二字是不沾边的,这正说明了我们俩与"作家"二字也没有一毛钱的关系。只是喜欢这类的知识,就把多年来积累下来的一些有趣的题目进行收集整理,并加上我们自己的理解和分析,能让你有兴趣把这些题目看完、看懂,这就达到我们的目的了。如果你还记于脑中,随时可以在朋友面前拎出一道来考考大家,在大家都无从下手、抓耳挠腮之际能侃侃而谈、一二三四地给大家讲得头头是道。这就是我们的荣幸了。

此书得以再版,实乃我幸。认真重新梳理内容,重新调整排列顺序,希望能让朋友们读起来更有挑战性和恍然大悟之感。

如果您看完了这本书,还是觉得有些题目看不太明白,那我教你一个非常有用的办法。

先把这本书放在家里，然后再去买两本。

一本放办公室。

一本随手带着。

我相信总有一天，您会比我们更聪明！

值此再版之际，着实不敢怠慢，赶紧诚心并认真奉上《再版序》一篇，一是感谢众读者朋友的支持和厚爱，二是感谢本书编辑郝珊珊女士对我们的信任。

愿此拙作能让天下追求聪明的人越来越多！

2020.6.18

目录

Q1 最多能喝多少瓶啤酒

某酒店售啤酒每瓶 2 元，为了促销，酒店推出以下优惠政策：2个空瓶可兑换1瓶啤酒，4个瓶盖可兑换1瓶啤酒。

问：如果小明带了 10 元钱，最多可以喝到多少瓶啤酒？

参考答案

正常人的解题思路

10元钱可以买5瓶啤酒，然后把酒喝掉，用空酒瓶和瓶盖换啤酒，以此类推。

第一步：10元钱买5瓶啤酒，喝完。

=5   =5   =5

第二步：拿4个空瓶和4个瓶盖去换酒。4个空瓶换2瓶啤酒，4个瓶盖换1瓶啤酒，共换3瓶啤酒回来。喝完后，手中物品的变化为：

+3   −4+3   −4+3

=8   =4   =4

第三步：再拿4个空瓶和4个瓶盖去换酒。4个空瓶换2瓶啤酒，4个瓶盖换1瓶啤酒，共换3瓶啤酒回来。喝完后，手中物品的变化为：

 +3　　 −4+3　　 −4+3

 =11　　 =3　　 =3

第四步：再拿2个空瓶换1瓶啤酒回来。喝完后，手中物品的变化为：

 +1　　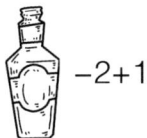 −2+1　　 +1

 =12　　 =2　　 =4

第五步：再拿2个空瓶和4个瓶盖去换酒。2个空瓶换1瓶啤酒，4个瓶盖换1瓶啤酒，共换2瓶啤酒回来。喝完后，手中物品的变化为：

 +2　　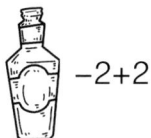 −2+2　　 −4+2

第六步：再拿2个空瓶换1瓶啤酒回来。喝完后，手中物品的变化为：

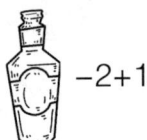

好了，到现在为止，小明手中现有的物品，不论是空酒瓶还是酒瓶盖都不能再进行兑换啤酒了。

因此，小明最多可以喝15瓶啤酒。

但是，真的没有办法再换到更多的啤酒了吗？

牛人的解题思路

第七步：为什么是第七步呢？就是正常人做完第六步以后就觉得已经结束了，但是实际上我们还可以想办法去兑换啤酒。

什么办法呢？去借。

没错，去借。找谁借？找谁借都行！找旁边的顾客借，找朋友借，这毕竟是虚拟的益智题目，不是现实生活，所以你随便假想一个人去借就好了。

我们现在去找人借1个空酒瓶，再借1个酒瓶盖。

那么现在手中物品的变化为（记住，我们有债务在身的）：

 不变　　 +1　　 +1

 =15　　 =2　　 =4

好了，现在又可以拿着手中2个空酒瓶和4个酒瓶盖去兑换2瓶啤酒了。喝完后，手中的物品变化为（债务：空酒瓶1个，酒瓶盖1个）：

 +2　　 −2+2　　 −4+2

 =17　　 =2　　 =2

这时候先不要急于偿还债务，先拿2个空酒瓶去兑换1瓶啤酒。

喝完后，手中的物品变化为（债务：空酒瓶1个，酒瓶盖1个）：

 +1　　 −2+1　　 +1

 =18    =1   =3

这时候，再去借1个酒瓶盖来。这时候手中的物品变为（债务：空酒瓶1个，酒瓶盖2个）：

 不变    不变   +1

 =18    =1   =4

现在又可以拿4个酒瓶盖去换1瓶啤酒了。

喝完啤酒，此时手中的物品变化为（债务：空酒瓶1个，酒瓶盖2个）：

 +1    +1   −4+1

 =19    =2   =1

　　这时候又有了2个空酒瓶，又可以换1瓶啤酒回来了。把啤酒喝完，此时手中的物品变化为（债务：空酒瓶1个，酒瓶盖2个）：

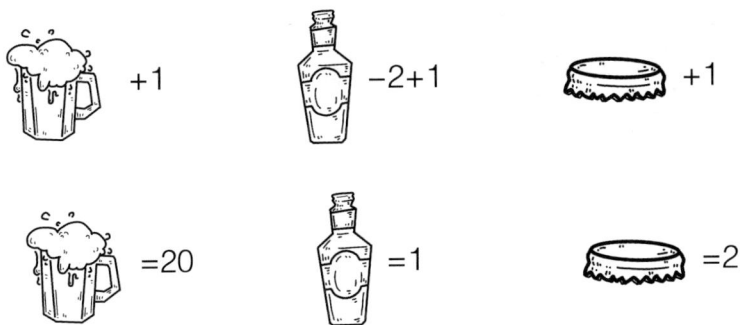

+1　　　　　−2+1　　　　　+1

=20　　　　　=1　　　　　=2

　　到目前为止，我们已经喝了20瓶啤酒，手中还剩1个空酒瓶和2个酒瓶盖。债务正好是空酒瓶1个，酒瓶盖2个。不管你从谁那里借来的，还回去正好。

　　因此本题的答案是：最多可以喝到20瓶啤酒。

　　这次我们虽然得到了正确答案，但不是最佳的解题思路。

　　不信你接着往下看。

外星人的解题思路

　　我们要重新开始，因为人类的思绪是不足以找到此题的快速解决方案的。

　　第一步：买5瓶啤酒回来，此时手中的物品为：

=5　　　　　=5　　　　　=5

喝完后，不要急于去兑换，先找人借15个空酒瓶和15个酒瓶盖。此时，手中的物品有（债务：15个空酒瓶和15个酒瓶盖）：

 不变   +15   +15

 =5   =20   =20

这时候，我们可以抱着一大堆的空酒瓶和酒瓶盖去兑换啤酒了能兑换多少呢?

20个空酒瓶可以兑换10瓶啤酒，20个酒瓶盖可以兑换5瓶啤酒。所以，本次一共可以兑换15瓶啤酒。

把15瓶啤酒全部喝完，这时候手中的物品为（债务：15个空酒瓶和15个酒瓶盖）：

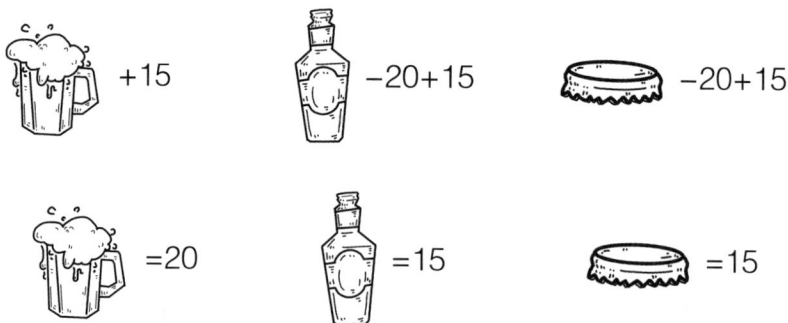

 +15   −20+15   −20+15

 =20   =15   =15

因此只需要一步，就可以直接达到刚才牛人的最后一步了。手中剩余的空酒瓶和酒瓶盖的数量正好和债务的数量完全相等。把债务还清了，就可以宣布此题的答案了。

　　一个外星人最多可以喝到20瓶啤酒。

　　答案同样是20瓶，但是这个外星人是怎么想到这种解题思路的呢？还有，他怎么知道是要去借15个空酒瓶和酒瓶盖？为什么不是10个或者20个？

Q2　三步找出卧底

　　某工厂生产了一批玩具人偶，外观完全一样,但是在进行称重时，发现其中一个玩偶的重量不合格（或轻或重）。我们假定给每个玩偶都定义一个号码以示区别，现在有一架天平（只有托盘，没有砝码，精度足够），请问如何在三次之内找出这个"卧底玩偶"呢？

参考答案

网络上很多类似的题目，大部分是给4次使用天平的机会，这使得题目的难度大大降低。如果只给三次使用天平的机会，使其变成了一个几乎不可能完成的任务，你敢挑战这个难度吗？

正常人的解题思路

首先要考虑的是第一次在天平上放几个玩偶。

如果一边放6个，还剩下1个。如果第一次就出现不平衡的状态，似乎不可能在两次内找到卧底。

如果一边放5个，还剩下3个。如果第一次出现不平衡，那么在5个玩偶中两次找出卧底似乎还是有可能的。

如果一边放4个，还剩下5个。机会看上去和上面的情况有些类似。

如果一边放3个呢？剩下7个。感觉剩下的有点多……

反复尝试以后，似乎总有些情况下找不到卧底在哪里。

牛人的解题思路

根据上面的思路，可以推理出一个结论。

第一次使用天平，一边放4个或者一边放5个才有可能找到卧底。

而且经过反复尝试，可以得到一边放4个才是最佳的方案。

第一次使用：1234⊥5678。

那么会出现两种情况，见下图。

第一次称重：1234⊥5678

平衡 → 9A⊥BC
　　平衡 → 不用再称 → D是卧底
　　不平衡 → 9⊥A
　　　　平衡 → B或C
　　　　不平衡 → 9或A

不平衡 → 12⊥34
　　平衡 → 5⊥6
　　　　平衡 → 7或8
　　　　不平衡 → 5或6
　　不平衡 → 1⊥2
　　　　平衡 → 3或4
　　　　不平衡 → 1或2

第一次称重　　第二次称重　　第三次称重

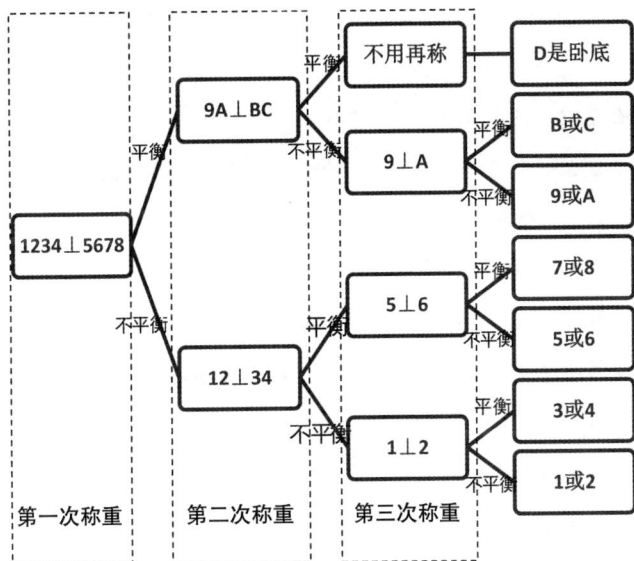

由上图得知，必须再使用一次天平，才能确认谁是卧底。

难道此题真的无解了吗？

外星人的解题思路

我们在上面的解题思路中一直忽略了一个问题：如果事先知道卧底是偏重还是偏轻，那么有些情况就可以得出答案了。

在我们第三次使用天平，一边只放一个玩偶的时候，如果出现不平衡的情况，我们可以根据玩偶的轻重来得出结论。但是这个假设是不存在的，题目说得非常清楚"或轻或重"。所以在第二次使用完天平以后，不仅要将卧底圈定在一个尽可能小的范围内，还要能够推测出卧底比标准的玩偶是偏轻还是偏重。

由此而见，第二次使用天平的方案非常关键，因为第三次使用基本是采取一边放一个的思路。

最关键的一点：不管哪一次称重，我们都可以确认几个标准的玩偶。如果两边平衡，那么该次被称的所有玩偶都是标准玩偶；如果不平衡，那么没有参与本次称重的玩偶都是标准玩偶。

有了这么一个思路以后，我们重新调整第二次称重的方案。

先来看上面的第一种情况：

当1234⊥5678时，天平出现平衡的情况。

这时候可以确认1~8这8个玩偶是标准玩偶。

所以第二次使用天平时，我们可以采取这样的方案：

$$9x \perp AB$$

（注：x为1~8号玩偶中的任意一个，即x为一个标准玩偶。）

最难理解的部分到了。只要你能理解这一步，思路就完全被打开了。

情况一：平衡。

当$9x \perp AB$时，如果出现平衡，那么卧底肯定是C、D中的一个。那么第三次拿C、D中任意一个与x去称重，就很容易找出卧底了。

如果C与x平衡，那D就是卧底；如果C与x不平衡，那么C就是卧底。

情况二：不平衡。

当$9x \perp AB$时，如果不平衡，那么我们需要做一个特别的工作——记录下AB是重还是轻，即记录下天平的倾斜方向。

然后进行第三次称重：$A \perp B$。

这时候会出现三种情况：

情况一：A＝B。

很明显，AB都是标准玩偶，得出卧底是9号玩偶。

情况二：A重B轻。

可以确认卧底为A、B中的一个。但究竟是A还是B呢？这就要用到我们刚才做的记录了。如果刚才记录的是AB重9x轻，可以确认卧底偏重。所以A为卧底；相反，如果刚才记录的是AB轻9x重，可以确认卧底偏轻。所以B为卧底。

情况三：A轻B重。

推理过程同上。

如果你能理解这一步，那么这个问题的解决思路就出来了。

我们可以用两次天平从5个未知身份的玩偶中找到卧底在哪里，然后只需每次都遵循这个思路，就可设计出这道题目的整个解题过程了。

那么如何两次从1~8这8个玩偶中找出卧底呢？

第二次这样来称重：

$$125 \perp 34x$$

（注：x为9A、B、C、D号玩偶中的任意一个，即x为一个标准玩偶。）

为什么要这样设计呢？就是要把卧底范围缩小到3个玩偶之内。

我们把3、4、5这三个玩偶分别从天平的一侧移到另一侧，目的很快你就知道了。

对了，我们忘了一件事情，就是第一次使用天平1234⊥5678的时候，也需要记录下天平的倾斜方向。

下面这一步也很关键，慢慢来理解。

同样，125⊥34x会出现三种情况：

情况一：125＝34x。

1、2、3、4、5都是标准玩偶，卧底在6、7、8号玩偶中。剩下第三次使用天平的方法就和上面讲到的从9、A、B中找出卧底是一样的道理了。

第三次：6⊥7。

如果6＝7，则8号是卧底；如果不平衡，那么根据第一次使用天平时我们记录下的倾斜方向，即第一次使用天平时6、7号玩偶在同一侧，因此很容易判断出哪一个是卧底了。

情况二：$125 \neq 34x$。

这时候最关键是要注意天平的倾斜方向有没有改变。

如果没有改变，说明3、4、5号玩偶是标准件，因为天平没有因为它们的换位而改变倾斜方向。这时可以确认卧底是1、2号中的一个，那么第三次随便拿一个与x进行对比就可以得到答案了。

如果天平的倾斜方向发生了改变，就可以确认卧底就是3、4、5号中的一个。第三次就拿3号和4号进行称重，剩下的推理过程和上面的情况就完全一样了。

现在我们来整理一下整个的解题思路，如下图：

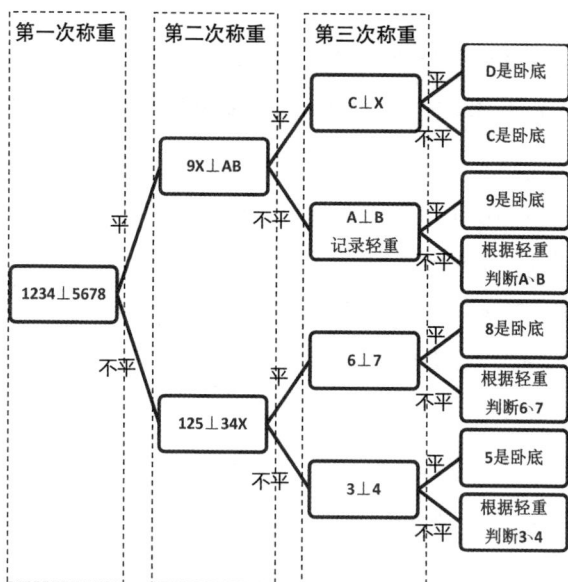

解开此题有三个关键点：

1.每次使用天平都要合理分配数量（其实每次都是黄金分割的数量）。

2.利用天平倾斜的方向给我们带来的有用信息，判断出卧底的重量是偏轻还是偏重。

3.通过对未知身份玩偶交换位置，判断出卧底所在的范围。

Q3　魔鬼拼图

　　小明买了一套智力拼图玩具"魔鬼拼图"，是由以下几种矩形和梯形组成的。

　　可是小明在玩耍的过程中，不小心把其中的一块"H"给弄丢了，为了不让妈妈批评他到处乱扔东西，小明想尽办法，还是把剩余的各块拼成了现在的样子。（本书最后附图，可以剪下来用。）

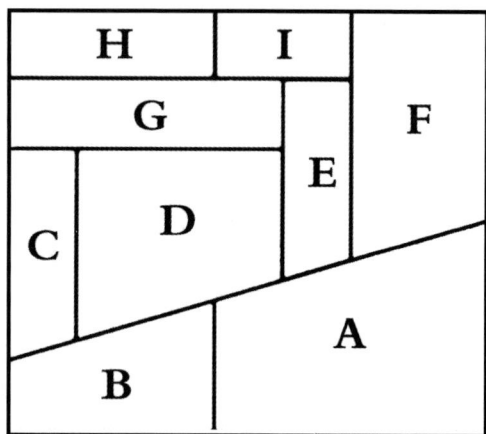

　　如果你是小明，你该如何把下面缺少"H"块的拼图拼成矩形呢？

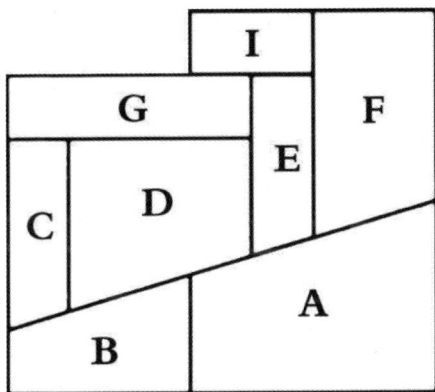

第二天，小明成功地把缺少"H"块的拼图拼成了矩形，并放回了玩具盒里。可是妈妈在打扫卫生的时候发现了一块面积正好是"H"块的三分之一的拼图，于是问："小明你怎么又把玩具丢到沙发下面了？赶紧放到它应该放的地方！"

小明接过妈妈递过来的小方块（我们暂时叫它"J"块），在已经拼好的矩形拼图中又加入了"J"块，并且组成了一个完整的矩形，请问小明是怎么做的呢？

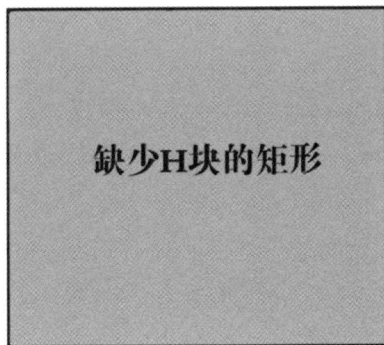

J

缺少H块的矩形

第三天，妈妈居然又发现剩下的另一半（我们暂时叫它"K"块），没办法，小明在接受完妈妈的批评后，还是老老实实地把"K"块也拼进了拼图中，并且成功地拼出了矩形的样子。

K

加入 J 块后的矩形

参考答案

我们先来研究一下刚刚买回来的拼图的图形特点。

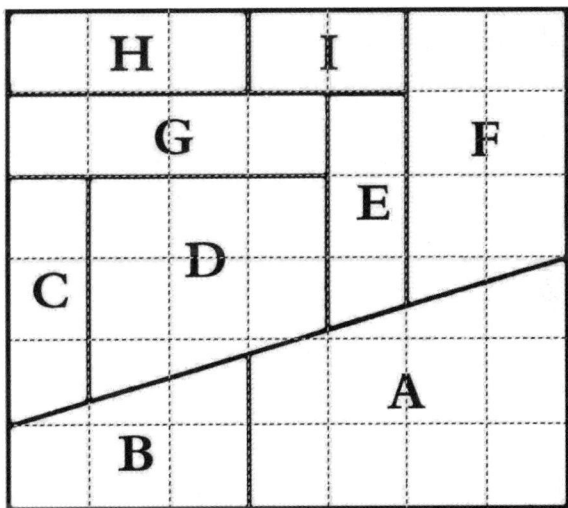

如上图所示，在图形中画上辅助分割线。为了叙述的方便，我们把上图中最小的单位长度定义为1cm，即H块的高度为1cm，或者说C、E块的宽度为1cm。

经过对比，我们可以看到，此图形由三类块状组成：

第一类是A、B、D、F块。宽度不等，但都有一个斜面，而且倾斜角度相同。宽度分别为2cm、3cm、4cm。

第二类是C、E块。宽度都为1cm，高度不同。

第三类是G、H、I块。高度为1cm，宽度分别是2cm、3cm、4cm。

由此得知，此图形原始面积为：

$$6 \times 7 = 42 cm^2$$

如果去掉H块，面积为：

$$42-3＝39cm^2$$

经过对几个不规则边进行比对（A、B、C、D、E、F块中都有几个边长为非整数），把A、B块打乱后和其他块进行拼接的可能性不大。这点可以通过反复试验来验证。

唯一可以做文章的地方就在上半部分，即保持A、B块的位置不变，对其他的块进行重新拼接。因此，可以得到一个结论：

总面积为39cm²，其中底边长为7cm，所以高度为：

$$39÷7\cong5.57cm$$

重点来了。

先来确认几块重要的位置。

A块的右边高度为3cm，图形的总高度应为5.57cm，所以摆放在A块上面的最右边的块其右边的高度应该为2.57cm。经过目测得右边高度在2~3cm的块有C和E，C块右侧的高度显明大于2.57cm，所以摆放在最右侧的应为E块。

同理，B块的左边高度为1cm，图形的总高度为5.57cm，所以摆放在B块上面的最左边的块其左边高度应该为4.57cm。很明显没有这个尺寸的块，但是我们可以用3.57cm或者2.57cm的块来代替，不足部分用边长为1cm的长条来补充。上图中F块的左边高度为3.57cm，所以左侧的块应为F。

先拼好这两块，如下图所示：

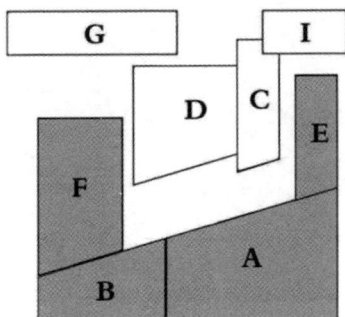

又因F块的右边长与C块的左边长均为3cm，所以C块应该在F块的右
侧。中间空余的部分即为D块。

最后剩下的两个小长条就很好处理了。

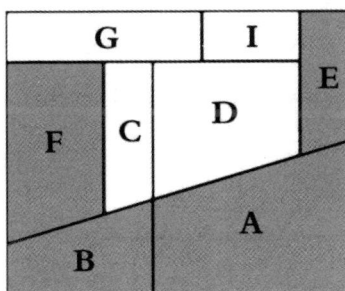

到此为止，顺利完成第一步。

如果不仔细比对，很难看出这个图形和最初的那个图形有差别。其
实它们之间就是高度有一点点差别，看下图的对比。

最外面的黑色线条框住的区域是最初图形的大小。顶部的白色区域
就是减少的面积。

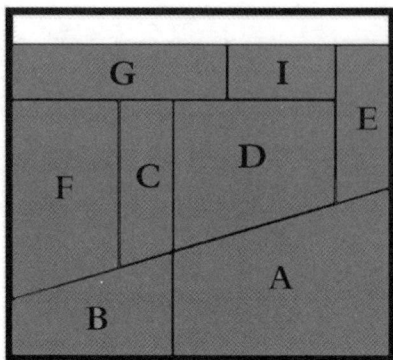

有了上面的思路后，我们在上面的图形中加入J块，加完后的图形应
该比上面的图形高度再多出一点。

由下图可以看出，比E块高一点的块应该是F块。

因此将F块移至E块的位置，其他的各块也跟着做相应的移动，得到
下图的答案。

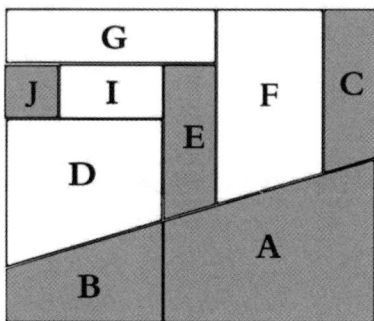

同理，我们还可以得到符合题意的以下几种答案。

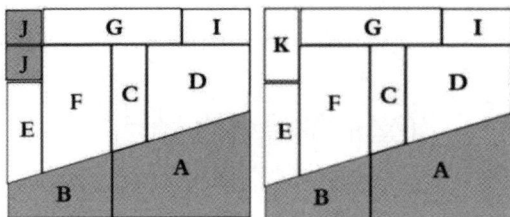

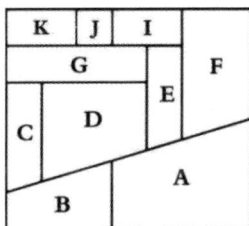

最后得到的图形就是最初的图形。

最初的图形去掉H块以后，分三次加入1cm×1cm大小的块（原题目中是加入两次），可以得到宽度不变、高度逐步增加的近似图形。

Q4 熊是什么颜色的

一只熊不小心掉进了陷阱，陷阱的深度为19.617米，熊从陷阱口自由落体到陷阱底的时间刚好是2秒。

请问这只熊是什么颜色的？

A.白色

B.棕色

C.黑色

D.黑棕色

E.灰色

F.无法确认

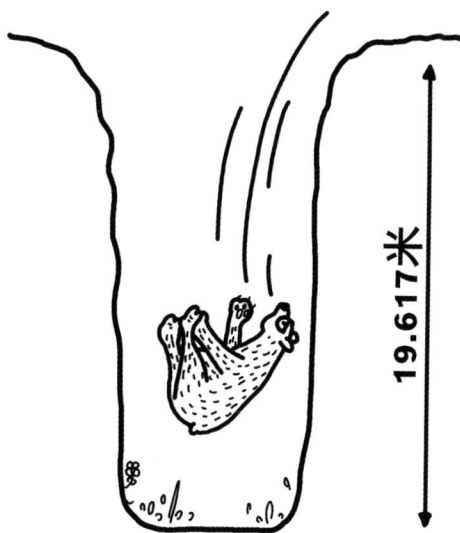

19.617米

参考答案

我们先来梳理一下网友们的解题思路。

第一步：根据物理知识，由已知条件中的深度19.617米和下降时间2秒，算出自由落体的速度为9.8085米/秒。

第二步：根据地理知识，查表得出此地的纬度值为44°。

第三步：根据地理及生物学知识，得知南半球在这个纬度没有熊，所以确定此地点在北纬44°附近。

第四步：根据地质学知识，便于挖出19.617米陷阱的土质应为冲击母质。

第五步：根据生物学知识，棕熊多生活在高海拔地区，且棕熊生性凶悍，人为捕杀的危险性大。

第六步：根据市场学知识，得知黑熊的经济价值高，主要用于取熊掌和熊胆。

第七步：根据政治学和法律知识，敢于捕杀熊的国家和地区，只适合黑熊生存。

经验证，只有黑熊符合以上特点。

答案：C黑色。

看完了这些无厘头的答案，我们再来看一些质疑的声音。

因为很快就有更厉害的网友提出质疑（摘录如下）：

上面的推理分析看似正确，不过仔细分析就能发现，第一步就是错误的。

牛人利用公式 $s=1/2gt^2$，计算出重力加速度g的数值，却忽略了两个重要的因素——空气浮力、空气阻力。

　　因为熊是一种不规则动物，所以这部分效应具有数量级的意义，是绝对不能忽略的。

　　根据空气浮力的公式：

$$F_浮 = （G_排（排开空气的重量））$$

　　空气的密度为1.24kg/m³，熊的密度可按水的密度计算，得空气浮力对计算结果的影响约为 0.124% 的相对偏差。

　　根据空气阻力的公式：

$$F = （\frac{1}{2}）C \rho S\text{^}2$$

　　（式中：C为空气阻力系数；ρ为空气密度；S为物体迎风面积；V为物体与空气的相对运动速度）

　　此外：

$$C=0.5+S=0.25\text{m}\text{^}3$$

　　V取下落时的平均值10m/s，可有：

$$F=7.75\text{N}$$

　　熊的质量认为是：

$$250\text{kg}-500\text{kg}.\text{mg}=2500-5000\text{N}$$

　　则7.75N足以产生0.15%~0.3%的误差。

　　因此，在计算时产生的总相对误差为：

$$0.15\text{~}0.3+0.124\%=0.3\text{~}0.4\%$$

　　也就是说，g在计算的时候已经少算了至少0.3%的重量。将这一部分加上后会得到：

$$g=9.83\text{m/s}\text{^}2$$

　　根据地球相关知识，查表可得此处的地理纬度为北极（南极没有熊）。

所以，此题的答案应该是北极熊。

答案：A白色。

实际上，此题的正确答案应该是：F无法确认。

理由非常简单：无法根据已知条件按正常的思路推算出结果。

这道题实际上是某学校用来进行学生心理测试的一道题目。目的是测试学生在遇到这种毫无道理的题目时，不同性格、不同状态和不同年龄段的学生对这种题目的反应。

Q5 知道还是不知道

A、B两人的额头上各写了一个数字。已知这两个数字都是大于1的正整数，且两数的大小相差1。现在假定A、B两人面对面站立，双方只能看到对方额头上的数字，无法看到自己额头上的数字。现假定A、B两人都足够聪明，以下是两人的对话。

A："你知道自己额头上写的是什么数字吗？"

B："不知道。"

A："我也不知道。"

B："我还是不知道。"

A："我现在知道了。"

B："我也知道了。"

根据上面的对话，请问A、B两人额头上分别写的是什么数字？

参考答案

这道题目有个前提，就是"假定A、B两人都足够聪明"。下面所有的推理都建立在这个前提之上，否则就不可能找到答案了。

这道题目的推理有些绕，请大家做好充足的心理准备。

首先，A问B："你知道自己额头上写的是什么数字吗？"

根据题目已知条件，我们知道A的额头上不可能是"1"，最小应该是"2"。所以，如果A的额头上的数字是"2"，那么B就应该知道自己额头上的数字一定是"3"（两数大小相差1），因为与"2"相差1的数字只有"1"和"3"。

因此，当B回答说"不知道"时，可以判定A额头上的数字不是"2"。能不能判定B额头上的数字一定不是"3"呢？还不能，因为当A额头上的数字是"4"的时候，B额头上的数字也可以是"3"。

同理，当A说"我也不知道"时，就可以断定B额头上的数字也不是"2"，否则B就可以断定自己额头上的数字是"3"了。同时，我们还可以得出一个结论：A额头上的数字不是"3"。

到目前为止，其实题目回到了起点，只是已知条件改变了，就是：双方额头上的数字都大于3。

于是，当B说"我还是不知道"时就可推理出：A额头上的数字不是"4"。

这时候B额头上的数字可能是"5"（因为当A额头上的数字为"6"时，B额头上的数字也可以是"5"）。

所以，当A说"我现在知道了"时，可以得出B额头上的数字就是

"5"，于是A推出自己额头上的数字为"6"（前面已经推出不可能是

"4"）。

　　因此，最后B说"我也知道了"，得出B额头上的数字为"5"。

Q6　给火柴找搭档

有10根火柴，排列如下：

现在每根火柴都需要找一个搭档，找搭档的原则只有一个，就是"跳过与自己相邻的两根火柴与第三根火柴成为搭档"，如下图所示：

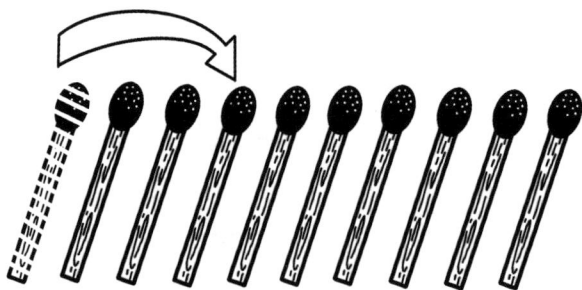

成为搭档后，两根火柴排列成"X"型。

如果某根单个的火柴旁边已经是一对搭档，也可以跳过一次，因为搭档算是两根火柴。如下图所示：

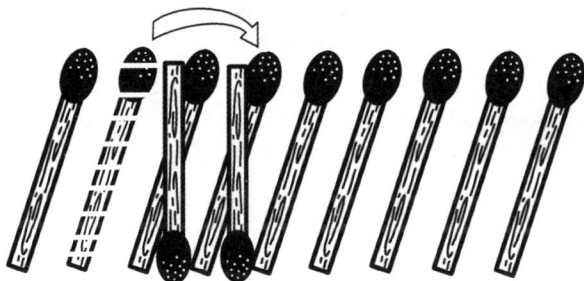

而以下的情况都是不允许的：

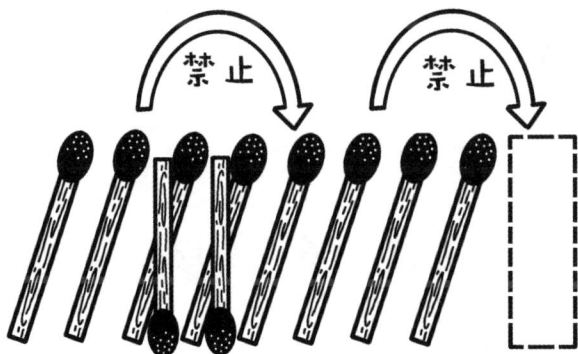

其实也就是只有一种移动规则，即"必须跳过两根落到第三根上"。

现在给它们选择搭档的权利就交到你手上了，请给每根火柴都找到搭档吧。

参考答案

正常人的解题思路

其实99.9%的人拿到这个题目，解决的办法只有一个字"试"。因为这是最简单，也是最直接的解题方法。但是这个题目能试出来吗？

看看下面的情况有没有遇到？

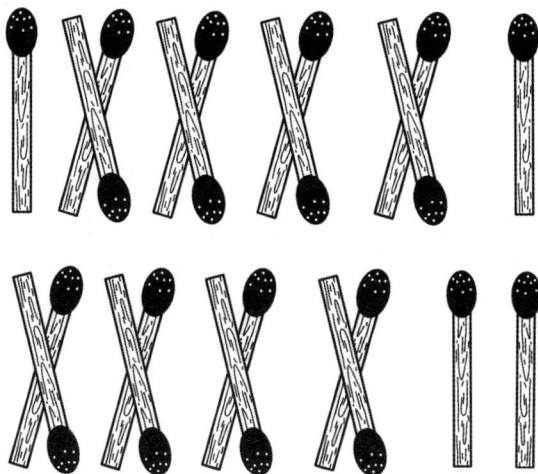

总之，不论怎么来回尝试，最后总是至少剩下两根没有办法移动。

牛人的解题思路

这道题目的要求是"找搭档"。假定现在已经是5对搭档了，只要按照规则把5对搭档拆开，就可以了。于是这个题目就由一个推理的题目变成了一个记忆的题目了。

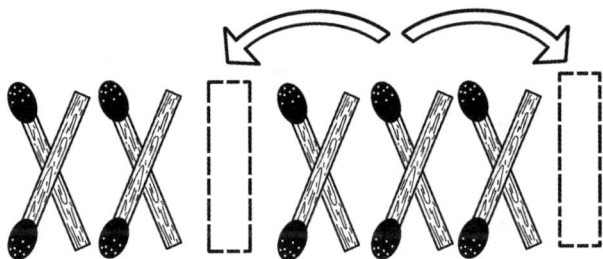

让上图中每一个有搭档的火柴跳过两根火柴，放置到一个空闲的位置上就可以了。上图中的几种方法都是被允许的。

通过这种方法，很快就能拆开5对搭档了。

拆分顺序如下图：

X X X X X

左起第四个X向右跳，变成：

X X X I X；

左起第三个X向左跳，变成：

X I X I I X I；

左起第二个X向右跳（也可以最右边的X向左跳），变成：

X I I I I I X I；

右边X向左跳，变成：

X I I I I I I I I；

最后一步不用我说明了。在此要特别提醒大家注意的是：最左边的X到目前为止没有参与这个过程。

现在把上面的过程按刚才的顺序倒着做一遍吧：

I I I I I I I I I I

左起第四个/向左跳，完成第一个×，变成 X I I I I I I I I；

右起第五个/向右跳，完成第二个×，变成 Ⅹ Ⅰ Ⅰ Ⅰ Ⅰ Ⅰ Ⅹ Ⅰ；

右起第二个/向左跳，完成第三个×，变成 Ⅹ Ⅰ Ⅹ Ⅰ Ⅰ Ⅹ Ⅰ；

剩下的就简单了吧，完成第四个×，变成 Ⅹ Ⅹ Ⅹ Ⅰ Ⅹ Ⅰ；

……

只要掌握了8根火柴推理的思路，那么10根、12根、20根、100根、10000根，是不是都能解决了？

Q7 64=65?

这不是一个数学的错误算式，而是一个拼图。其实它告诉我们的是一个错觉，叫：

$8 \times 8 = 13 \times 5$

还是不明白，没关系，我们来看看图。

下图是一个8cm×8cm的方格，其总面积为64cm^2。按下图方式分割成四部分。

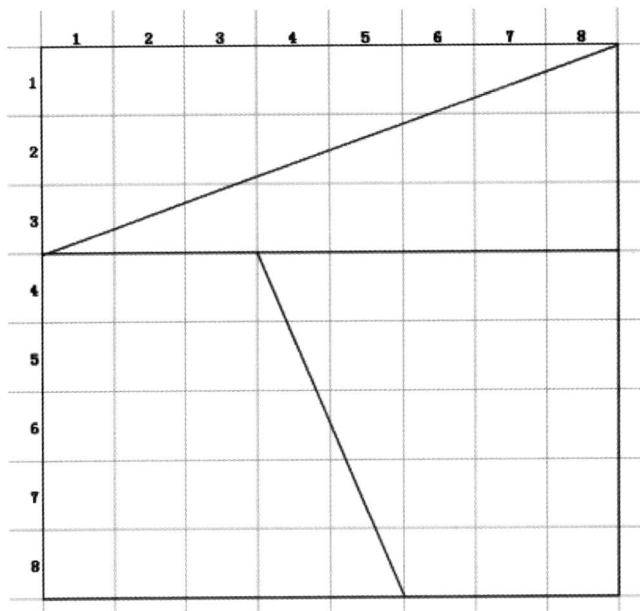

将分割完好的四部分重新拼接，变成下图的样子。

其面积为：　13cm×5cm＝65cm^2。

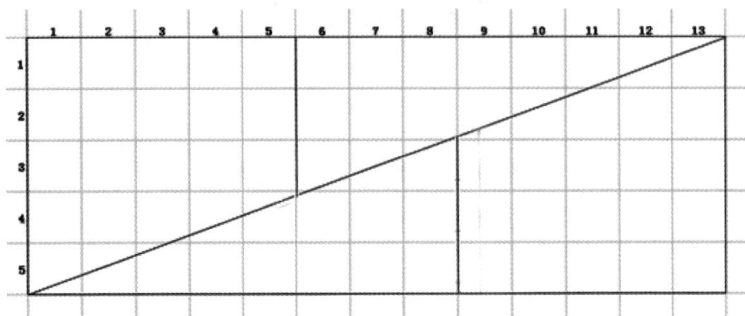

这就是传说中的"64＝65"，为什么会出现这种情况？

参考答案

先一起看图。

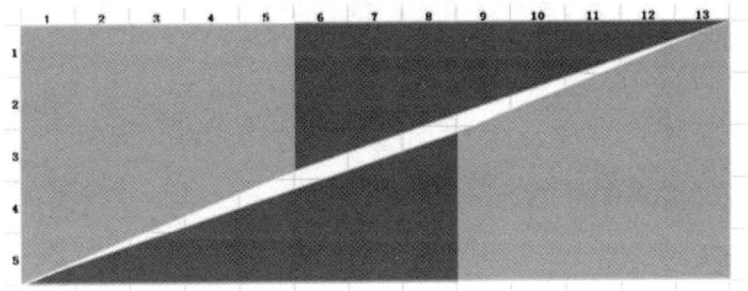

不知道你看了上图以后，心中的疑惑是不是已经解开了。在重新拼接的图形中，会出现一个非常狭长的平行四边形，其面积正好是1cm²。

如果你还有疑问，可以证明如下：

根据勾股定理得知，上图中三角形斜边的长度为：

$$C_1=\sqrt{3^2+8^2}\approx8.544\text{cm}$$

梯形的斜边长度为：

$$C_2=\sqrt{2^2+5^2}\approx5.385\text{cm}$$

拼接后的总长度为：

$$C\approx C_1+C_2\approx13.929\text{cm}$$

但是拼接后长方形对角线的长度为：

$$C_0=\sqrt{13^2+5^2}\approx13.928\text{cm}$$

因此可以得出，在拼出的长方形中间有一条狭长的缝隙。

通过几何运算，可以得到这个狭长的平行四边形的面积正好是1 cm²。

（只需要做两条如图所示的辅导线，计算出它的长度，就能轻易得出其面积，详细过程略。）

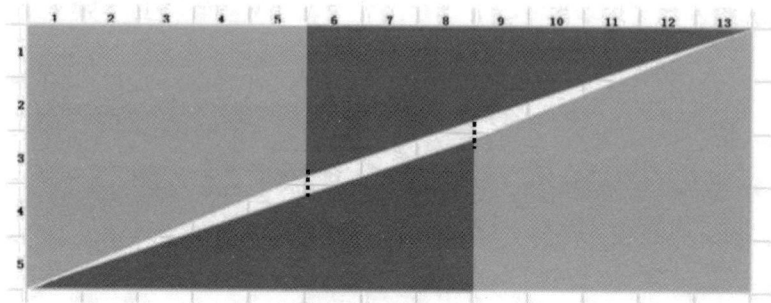

Q8 分油问题

某容器中装有10斤油，还有2斤、4斤、6斤、8斤的油瓶各一个，在不借助其他计量器具的情况下，如何从10斤油中分5斤油出来？

参考答案

此类的问题在网络上有很多，比如，如何用3斤、7斤、10斤的油瓶中分出5斤油，或者如何从10斤、4斤、7斤的油中分出5斤油，也有的用"升"作为单位，实际上原理是一样的。不论是"升"还是"斤"，我们都可以通过有限次的加减运算得到"5"这个数字。

但这道题目则不同，提供的可用容器的数值全是偶数，要求得到的结果却是一个奇数，按照一般的思路，我们是没有办法通过加减运算来倒出一个5斤的结果。

那么，这道题就真的无解了吗？

再来仔细看看题目的要求：在不借助其他计量器具的情况下。

何为计量器具？

计量体积的、质量的、时间的、高度的……但是没说不可以借助其他的物质。所以我们找到一种可以帮助我们完成这道题目的物质：水。

解题思路如下：

第一步，先把2斤的油瓶装满。

第二步，将2斤倒入4斤的油瓶中，得到一个标准的半瓶油（即4斤的油瓶中装的正好是2斤油）。

第三步，将4斤的油瓶中加满水。没错，是水。

第四步，用力摇匀这4斤"油水混合物"，让油水充分混合均匀。

第五步，快速地倒满2斤的油瓶（2斤的油瓶中装满的也是摇匀的油水混合物）。

第六步，静置足够的时间，让油、水自然沉降分离，直到上半部分全是油，下半部分全是水。

第七步，将沉降分离出来的1斤油倒入6斤的瓶中，便可得到1斤油。

第八步，将4斤瓶中的液体倒入8斤的瓶中，把4斤瓶腾空（也可只倒水出来）。

第九步，重新用油加满4斤的瓶，得到一个4斤的油。

第十步，将4斤的油倒入6斤的瓶中，得到5斤油（4斤加1斤）。

所以，突破思维定式，才能打开解题思路。

Q9　谁戴黑色的帽子

在一个房间里有很多人（至少10个），主持人把所有人眼睛都蒙上，然后给每人头上戴上一顶帽子。每个人只能看到别人帽子的颜色，看不到自己帽子的颜色。帽子分为两种颜色：黑色和白色。已知所有帽子中至少有一顶帽子的颜色是黑色的。

现在假定所有人都足够聪明，以下是主持人的问话和大家的反应。

主持人："哪位朋友认为自己戴的是黑帽子，请举手！"没有一个人举手。

主持人又问："现在哪位朋友认为自己戴的是黑帽子，请举手！"仍然没有人举手。

主持人第三次问："这一次哪位朋友认为自己戴的是黑帽子，请举手！"

结果很多人举手了。

请问：房间里有多少人戴的是黑色帽子？

参考答案

这道题有个前提，就是"假定所有人都足够聪明"。

根据已知条件"至少有一顶黑帽子"，我们开始推理。

如果房间里只有1顶黑帽子，那么房间里肯定有一个人看到的全是白帽子（自己的帽子是黑的，但是自己看不到）。当主持人第一次问话时，应该有一个人举手（别忘了前提是"所有人都足够聪明"）。第一次问话没人举手，说明黑帽子数量不是1。

现在已知条件变成：至少有2顶黑帽子。

如果房间里有2顶黑帽子，那么肯定有2个人看到房间里有一顶黑帽子（自己的也是黑的，但看不到自己的），当主持人问话时，应该有2个人举手。但仍然没有人举手，说明房间里至少有3顶黑帽子。

那么，现在已知条件变成：至少有3顶黑帽子。

我们按上面的逻辑继续推理。如果房间里有3顶黑帽子，那么肯定有3个人看到房间里有2顶黑帽子。当主持人第三次问话时，有人举手了，所以应该有3个人举手。

因此答案是：房间里有3个人戴的是黑帽子。

专栏1　捆住地球的绳子

小明把一根绳子绑在一个足球上。假定忽略误差，绑好的位置正好是球的周长，其绳子的长度刚好为1米。

小红用一根绳子，沿着地球的赤道绑了一圈，同样忽略误差，把地球当成一个标准的正圆球，小红的这根绳子的长度刚好是40000公里。

现在我们分别给小明和小红的绳子增加1米的长度，问：这样形成的两个绳子圆环和球体之间的间隙有什么区别？

（如下图所示，问X值和Y值的大小关系）

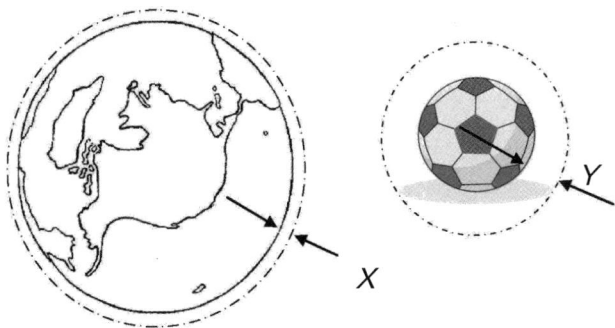

这个题目不难计算出结果，只是算出来的结果会让我们从感性的角度上接受不了。

设地球的周长为 L_1，则地球的半径 R_1 为：

$$R_1 = L_1 \div \pi \div 2$$

当绳子增加 1 米后，地球的周长变为：L_1+1。该圆环的半径 R_2 为：

$$R_2 = (L_1+1) \div \pi \div 2$$
$$= L_1 \div \pi \div 2 + 1 \div \pi \div 2$$

所以，其间形成的间隙 X 的值为：

$$X = R_2 - R_1$$
$$= \underline{L_1 \div \pi \div 2} + 1 \div \pi \div 2 - \underline{L_1 \div \pi \div 2}$$
$$= 1 \div \pi \div 2$$

同理，设足球的周长为 L_2，半径为 R_3，则 Y 的值为：

$$Y = R_4 - R_3$$
$$= \underline{L_2 \div \pi \div 2} + 1 \div \pi \div 2 - \underline{L_2 \div \pi \div 2}$$
$$= 1 \div \pi \div 2$$

结论是：$X = Y$。

也就是说，如果把捆住地球赤道的那根绳子的长度增加 3 米的话，那么它与地球表面的间隙就可以让一个不是很胖的人自由地钻来钻去了。

是不是有些不可思议啊。

Q10 开关与吊灯

门外3个开关分别对应室内3盏普通的吊灯，线路良好，灯泡正常发亮。站在门外开关的地方不能看到室内灯的情况，现在只允许进门一次，如何确定开关和吊灯的对应关系？

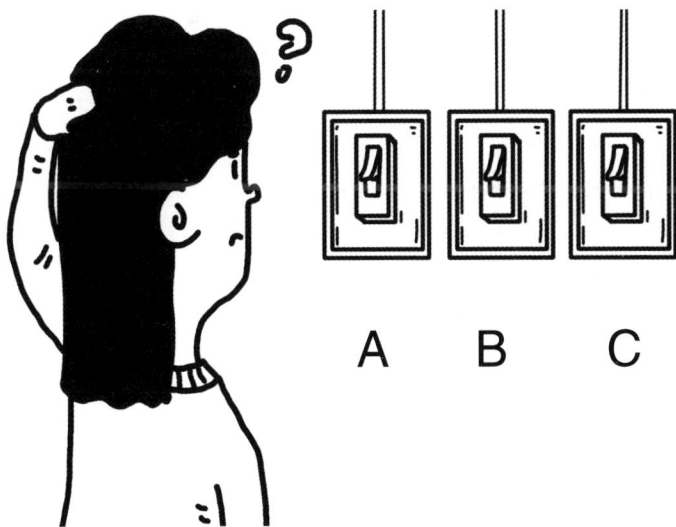

A   B   C

参考答案

此题目虽然是逻辑推理，但真正解决此问题的思路靠的并不是数学知识，而是物理学知识。因为此题的关键词是"普通的吊灯"。

"普通的吊灯"意味着两个已知条件：一是吊灯的高度一般不会太高，是普通人伸手能摸得着的高度；二是后面那句"灯泡正常发亮"，这也是前面那句"普通的吊灯"的一个进一步解释。这就是我们解决这个问题的关键。

灯泡的物理特性是除了发光，它还会发热。当我们点亮一盏灯泡一段时间之后，灯泡会变热，而且是通过手摸可以觉察出来的温度。那么，解决的方案就很简单了。

首先打开控制开关A，等一段时间（一般几十秒钟就可以让灯泡的温度上升，如果不放心可以再延长时间）然后关掉A，迅速打开B开关并快速冲进房间用手去触摸两个不亮的灯泡。

结论：温度高的是灯泡A，温度低的是灯泡C，正亮着的是灯泡B。

拓展一下：同样是3个开关控制3台电器。

风扇行不？空调行不？

如果是电视机呢？音响呢？电脑呢？

如果不允许用手摸，还有什么别的办法吗？

自己想，自己想。

Q11　心连心

如下图所示，如何一笔把所有的心形都连接起来呢?

要求:

1.不允许经过N点。

2.不能重复、不能交叉。

3.不能斜走，只能上下或者左右连接。

4.可以从任意位置开始。

参考答案

这看起来似乎是一个无法完成的任务。因为你发现无论怎么连接，都没有办法一笔完成，至少会有一个心形没有办法连起来。

如下图：

难道就真的没有办法做到了吗？

其实这个题目就是数学上非常有名的黑白块的问题。

我们把上述图形稍做一下变形，就形成一个国际象棋棋盘一样的状态。如下图：

图中，黑块有13块，而白块有12块。那么问题来了：

我们先遮挡住任何一个黑块，那么黑、白块的数目都是12，这时候可以按照题目的规则一笔画出剩余的24块。

但是遮挡住任何一个白块，那么剩余的黑块还有13个，而白块只有11个。按照正常的思路是不可能按要求画出所有的方块的。

那么这道题难道就真的没有解决方案了吗？这就看你敢不敢突破常规的思维模式，来做大胆地尝试。

我们还是从题目的要求开始分析。题目中有三条要求不允许：

1.不允许重复和交叉；

2.不允许斜走；

3.不允许经过N点。

也就是说，除了以上三个条件，其他的连接方式都是允许的。因为题目要求中没有不允许画到图形的外面，于是我们就有了下面的无数种答案。

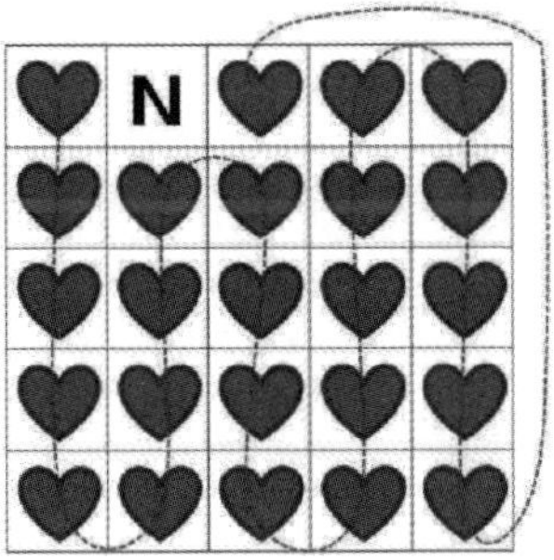

Q12 小学生的几何题

如何用笔只画一条直线，可将下图分割成两个三角形？

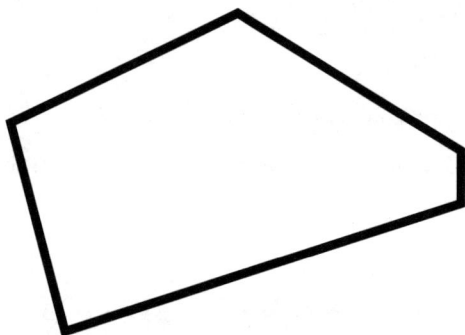

参考答案

"请用笔画一条直线……"为什么专门强调"用笔"？解决的方案就出在这"笔"上了。从图中我们可以看出无论如何也不可能只画一条直线就能完成题目的要求，因为这是一个五边形。但是我们也可以发现，五边形其中的一条边非常短，为什么要这样设计呢？

这就是为给我们提供思路的。当我们能找到一支非常粗的笔（多粗？只要比这条边还要粗就可以了）来画图的时候，问题就自然解决了。

如下图：

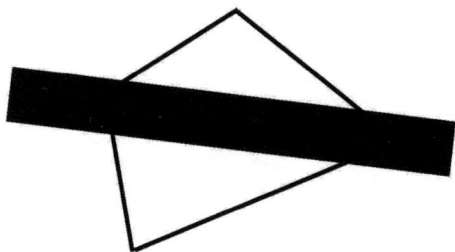

Q13　猴子分桃

　　有 5 只猴子偶得一大堆桃子，于是决定把桃子分了吃。但是一直讨论到大家都累了，也没能讨论出分桃子的方案。于是大家商量好先睡一觉，等大家休息过来再慢慢商量。

　　就在大家都在美梦中的时候，有一只猴子醒过来。它悄悄地将桃子分成 5 份，发现刚好多出一个桃子。于是它就偷偷把这一个桃子吃了，并把自己的那一份藏了起来，继续睡觉。

　　第二只猴子也悄悄醒了过来，把剩下的桃子（即刚才那只猴子留的 4 份）分成 5 份，发现刚好又多出一个桃子。于是它也偷偷把这一个桃子吃了，并把自己的那一份藏了起来，继续睡觉。

　　接下来，第三只、第四只、第五只猴子重复做了同样的事情。

　　结果是第五只猴子吃完多出的一个桃子后，还能平均分成 5 份。

　　请问：这堆桃子至少有多少个？

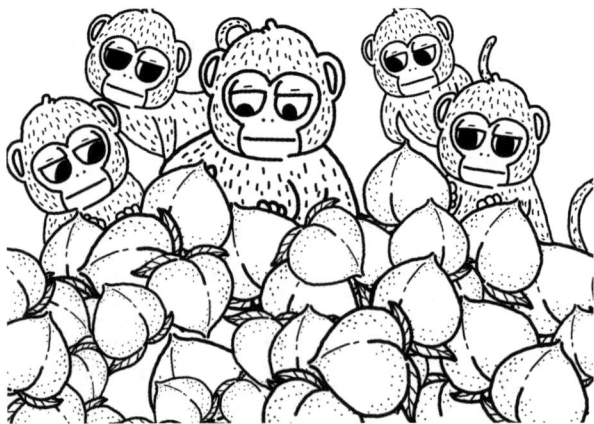

参考答案

看到这道题目的时候，我费了不少的脑细胞，最后也不知道从何算起。最后我用电子表格列了一个超长的表，采用穷举的方法从1开始试，一直试到255，终于找到了正确的答案。

穷举的方法也很简单，就是假定第5只猴子醒来时看到有6个桃子。按题目要求，把6个桃子分为5份，每份1个，还多1个。猴子吃掉多的这1个桃子，然后再把自己那份（1个）藏起来，最后外面还只剩下4个桃子。（如果还有第6只猴子的话，那第6只猴子醒来看到的结果是：只有4个桃子。）

那么我们假定第5只猴子醒来时，发现桃子的总个数为X个(上面已经假定为6个，这里只是为了说明推理过程)，那么：

$$X = 4 \div 4 \times 5 + 1$$

我们再假定X仍然可以被4整除（事实上按上面的假设，6是不能被4整除的），按此逻辑计算。第4只猴子醒来后看到的桃子总数量Y为：

$$Y = X \div 4 \times 5 + 1$$

继续按此逻辑继续推算，第3只猴子醒来后看到的桃子总数量Z为：

$$Z = Y \div 4 \times 5 + 1$$

第2只猴子醒来后看到的桃子总数量S为：

$$S = Z \div 4 \times 5 + 1$$

因此，第1只猴子醒来后看到的桃子总数量M为：

$$M = S \div 4 \times 5 + 1$$

把以上的计算过程通过电子表格列出来，然后去找每一次的计算结

果都是整数的，最后找到正确答案：3121

特别说明的是：这不是唯一的正确答案，而是最小的正确答案。

我们按照同样的思路，穷举出2只猴子、3只猴子、4只猴子按同样的规则分桃子的结果（以下结果都是按每次分5份来计算的）。

$$2——21$$

$$3——121$$

$$4——1246$$

$$5——3121$$

接下来，我们来分析另一种思路。

假定5只猴子，那么5的5次方肯定是一个可以被5整除5次的数。所以，我们只需要在总数中减去4（因为每次多出一个桃子），就可以得到一个正确的答案。

即：

$$X=N^N-N+1$$

$$3^3-3+1=25 \qquad 4^4-4+1=61 \qquad 5^5-5+1=3121$$

说明：上式中，分桃子的规则是几个猴子分几份。

那么6只猴子，7只猴子，一万只猴子也就同样简单了。

还有一个比较诡异的现象（这个现象是由著名的数学家怀德海提出来的，在此向前辈致敬）：

同样是这5只猴子，同样的规则，但是我们做一个很抽象的假设。假设当第一只猴子醒来时发现有 -4个桃子。没错，是-4个。别问我这怎么可能，我说了，是抽象的假设。

现在猴子要分桃子了：把-4分成5份，每份为-1。结果是什么？刚好多一个桃子出来。于是猴子就把多出来的这一个桃子吃掉，那还剩下多少呢？没错，还剩下-5个。

接下来，猴子再把这−5分成5份，刚好每人−1个。这时候把自己那份藏起来，就是：−5减 −1等于 −4。

他安心睡觉去了，第二只猴子醒来，如果他要会时空穿越或者偷看视频监控的话，肯定会发出这样的感慨：

"见鬼了，怎么还有−4个？！"

附：穷举计算表

假定	最后	X	Y	Z	S	M
穷举	剩下的桃子数	第5只猴子醒来时看到的桃子总数	第4只猴子醒来时看到的桃子总数	第3只猴子醒来时看到的桃子总数	第2只猴子醒来时看到的桃子总数	第1只猴子醒来时看到的桃子总数
1	4	6	8.5	11.625	15.53125	20.41406
2	8	11	14.75	19.4375	25.29688	32.62109
3	12	16	21	27.25	35.0625	44.82813
4	16	21	27.25	35.0625	44.82813	57.03516
…	…	…	…	…	…	…
14	56	71	89.75	113.1875	142.4844	179.1055
15	60	76	96	121	152.25	191.3125
16	64	81	102.25	128.8125	162.0156	203.5195
…	…	…	…	…	…	…
126	504	631	789.75	988.1875	1236.234	1546.293
127	508	636	796	996	1246	1558.5
128	512	641	802.25	1003.813	1255.766	1570.707
…	…	…	…	…	…	…
254	1016	1271	1589.75	1988.188	2486.234	3108.793

假定	最后	X	Y	Z	S	M
255	1020	1276	1596	1996	2496	3121
256	1024	1281	1602.25	2003.813	2505.766	3133.207

说明：此表共256行数据，因篇幅所限，中间部分内容省略。

Q14　连不起来的点

如下图有 9 个均匀排列的点，请一笔用 4 条线段把 9 个点连接起来。

要求：

1.4 条线段必须不间断地一笔完成。

2. 每个点只能经过一次，不能重复。

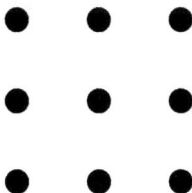

参考答案

看到这样的题目，一般的解题思路只有一个，那就是"尝试"。于是有了下面的一堆不合格的答案。

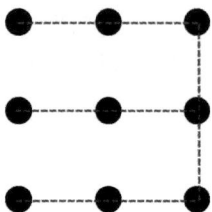

一笔无法完成

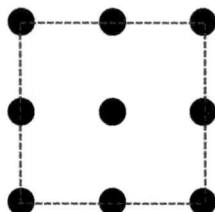

有一个点没有连接

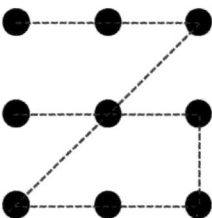

有重复经过的点

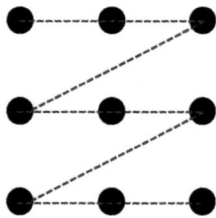

线段数超过 4 条

难道真的没有办法了吗？

你发现没有，你已经被自己的思路限制了。在这道题目中，9 个黑点的四周故意留了好大的空白区域。

什么意思呢？

就是说你的线条完全不用局限在 9 个点的区域，可以把线画到 9 个点的范围之外，只要不违背题目的两条要求就可以。

好了，现在应该思路大开了吧？

如下图：

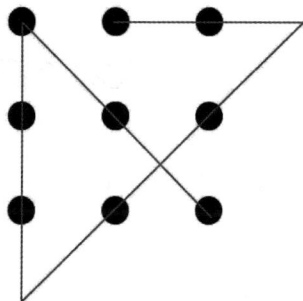

Q15　天堂地狱之门

一群人参加一个体验天堂和地狱的游戏，走进天堂的可以得到500个游戏币，走进地狱的会被罚做50个俯卧撑。

游戏最关键的一步是在最后的一个关口，有两道门。一道门的后面是天堂，另一道门的后面是地狱。门口分别有两个看门人，目前知道的条件是：两个看门人一个只说真话，另一个只说假话。但哪个说真话、哪个说假话并不知道。

游戏规则：每个人只有一次问话的机会。

如果是你，你会选择问谁、问什么问题，才能保证自己知道哪道门可以通向天堂。

参考答案

这是一个非常有名的题目，虽然有很多的版本，但解题的方法都是相同的。如果这个题目靠试，似乎都不知道怎么试。因为根本无法断定这个人是在说真话还是说假话，并且我们只有一次问话的机会。

是不是就没有办法解决了？

我们先来看看，即使我们有N次问话机会，是不是就可以问出正确的答案。

问法一：问两个人同一道门。"A是天堂吗？"或者"A通向哪里？"

回答：肯定得到一组相反的答案（即一个说是天堂，一个说是地狱）。

结论：仍然不知道谁在说谎。

问法二：问一个人两道门。

回答：也是一组相反的答案（即一边是天堂，另一边是地狱）。结论：仍然不知道此人说的是真话还是假话。

问法三：问两个人两道门。

回答：得到一组相同的答案（即两边都是天堂或者都是地狱）。结论：仍然不知道哪个人说的是真话。

既然我们已经问了第三个问题，仍然没有办法推理出一个确切的答案，那么是不是就没有办法来解决这个问题了？肯定有，不然我也不会提出这个问题。

解决此类问题的方法可以通过离散数学中的"布尔运算"来解决。只需要给出一个带有"布尔运算"的问题，就能得到正确的答案了。

　　我们只有一次问话的机会，其实问谁都无所谓，因为不知道哪道门是什么，也不知道哪个人说的是真话，所以我们就随便问。

　　假设我们问A门旁边的1号守门人："如果我问2号守门人，他会告诉我哪个是天堂之门？"

　　答案一：A门是天堂。

　　情况一：假定1号守门人说的是真话。那么2号守门人说的一定是假话。因此可以推论"A门是天堂"肯定是2号守门人的假话。

　　因此得出结论：B门是天堂。

　　情况二：假定1号守门人说的是假话。那么2号守门人说的一定是真话。因此可以推论"A门是天堂"肯定不是2号守门人的原本答案，因为1号守门人只说假话。因此可以推出2号守门人说的真话的原本内容是"A门不是天堂"。

　　因此得出结论：B门是天堂。

　　答案二：B门是天堂。推理同上，结论正好相反：A门是天堂。

Q16　找出乒乓球次品

有100盒乒乓球，每盒中有乒乓球100个，共计10000个乒乓球。假定每个乒乓球上都有编号，如下：

001-001，001-002……001-100

……

100-001，100-002……100-100

按要求，本批次的乒乓球单个重量应该为1克（假定数据，可能与事实不符），由于生产失误，其中混入了一盒次品，该盒乒乓球中的100个球重量均为1.1克。现在给你提供一个足够大且足够精确的电子秤，请问，最少称重多少次可以找到这盒次品？

（提示：每盒都可以拆开。）

参考答案

正常人的解题思路

最优方案：折半查找法。

第一次，放001~050这50盒，如果重量正好，那么次品在另外的50盒中。

第二次，放051~075这25盒，如果重量正好，那么次品在另外的25盒中。

以此类推。

答案是7次。

这个答案似乎看上去已经是最佳方案了。

但是仔细观察题目，发现有好多已知条件没有用。比如为什么要给乒乓球编号，而不是给盒子编号？为什么说可以拆开？

好吧，废话少说，我先公布一下答案：**只称一次**。

然后大家想想如何只称一次就能找出答案？

再提醒大家一下，给大家的工具是足够精确的电子秤，而不是之前我们所用的没有砝码的天平。

不知道大家根据这个提示有没有新的思路了？

思路就是把这100盒乒乓球全部拆开，先从第一盒中拿出1个球，第二盒中拿出2个球，第三盒中拿出3个球……第九十九盒中拿出99个球，第一百盒中拿出100个球。

我们总共要称的乒乓球的数量为：1+2+3+…+100＝5050（个）。

然后把这5050个球放到电子秤上去称，肯定得到一个不标准的重量

（因为有一盒乒乓球是不标准的，所以这5050个球中至少有一个乒乓球是次品）。

5050个乒乓球如果都是标准的情况下总重量应该是5050克。

所以，我们最后得到的实际总重量超过上面的标准重量多少个0.1克，就可以知道是哪一盒的球了。

比如，总重量为5057.3克，那么多出标准重量：

$$5057.3-5050=7.3克$$

$$7.3÷0.1=73$$

因此得出次品乒乓球是第73盒。

Q17 幼儿园的数学题

这确实是一道幼儿园的数学题，却让无数的大学生、研究生，甚至博士生都无能为力。别不服，不信你看题：

请根据左边的规则，写出右边的结果。

2631 = 1	1236 =
8142 = 2	6287 =
5237 = 0	9158 =
1896 = 4	5969 =
2786 = 3	1157 =
6898 = 6	8128 =

参考答案

我要特别说明一下，幼儿园的小朋友可都是在一分钟内做完了全部题目。幼儿园的小朋友，什么意思？意思就是他们只会个位数的加减法。

是不是完全蒙了，怎么也发现不了其中的规律啊。因为这虽然是道数学题，但不是数学运算题。什么意思？

我先来公布答案，一会儿再来解释。

1236 = 1
6287 = 3
9158 = 3
5969 = 3
1157 = 0
8128 = 4

还没明白是吧？！哈哈，这是一道数数（shǔ shù）题。

何为数数题？就是数一数每组数字中有几个圈。

明白了吗？"6"上一个圈，"9"上一个圈，"8"上两个圈。

数数一共有几个圈。

Q18 推理算式

已知:

5+7+9＝354521

6+3+4＝182413

7+5+2＝351414

8+2+4＝163214

那么:

9+6+3＝?

参考答案

看上去很无厘头吧？别急，慢慢来找规律。

$$5+7+9 = \boxed{35}4521$$
$$6+3+4 = \boxed{18}2413$$
$$7+5+2 = \boxed{35}1414$$
$$8+2+4 = \boxed{16}3214$$
$$9+6+3 = ?$$

每个算式答案的前两位数都是算式中前面两个数字的乘积。

因此答案的前两位是：54。

再来看算式答案的第三、四位都是算式中第一个数与第三个数的乘积：

$$5+7+\boxed{9} = 35\boxed{45}21$$
$$6+3+\boxed{4} = 18\boxed{24}13$$
$$7+5+\boxed{2} = 37\boxed{14}14$$
$$8+2+\boxed{4} = 16\boxed{32}14$$
$$9+6+3 = ?$$

因此答案的第三位和第四位是：27。

同理，答案的最后两位是三个数字的和：18。

类似的题目还有很多，只要耐心观察，就能找到后面的结果和前面提供的数字之间的运算关系。只要找到任何一个规律，并能够通过题目验证，就可以轻松得出答案了。

专栏2　一张纸的厚度

我一次给你 100 万元，或者说从今天开始给你 1 分钱，然后每天翻倍，连续给你一个月。这两种情况，你会选择哪一个？

如果只给你两秒的考虑时间，是不是很多人会选择直接拿100 万？

换个和钱没关系的问题：

一张普通的纸厚度大约 0.1 毫米，现在把这张纸对折，那么对折后的厚度为 0.2 毫米，再对折一次，厚度变成了 0.4 毫米。接下来，不停地对折下去。

请你不要用计算器或者演算纸，纯凭借自己的感觉来估算一下：连续对折 30 次后，这张纸的厚度大约是多少？

A. 约 3 毫米，因为一张纸的厚度毕竟太薄了。

B. 约 6 厘米，一本字典的厚度。因为折叠了那么多次。

C. 应该有一栋楼的高度吧，几十米或者上百米。

D. 超过 8844.43 米。也就是说，应该超过世界最高峰了吧。

解题的方法很简单，就是：

0.0001 米 ×2×2×2×2×2×2……（连续乘以 30 次）

其实答案很明显是 D，因为最后的结果是 107374.1824 米。（下面表格中有数据，但是先不要看，因为我们还有第二个问题。）

请问在折叠到第几次的时候超过了世界最高峰珠穆朗玛峰？

仍然不允许用计算器和演算纸，只能在脑子里算。

你有没有很好的思路呢？

如果你有以下数学常识的话，这道题的计算方法就会简单很多。

现在是信息时代，我们在形容很多存储设备容量大小的时候，经常会用到以下几个单位：多少 G，多少 T，或者多少 M，多少 K，这都是些什么单位呢？

其实原本后面都是有一个单位 B（字节）的，但我们已经习惯了只用前面的数量：

1K = 1024，1M = 1024K，1G = 1024M，1T = 1024G

为什么要这样定义呢，其实主要是因为：

$$2^{10} = 1024$$

也就是说，一个数乘以 2 连续乘以 10 次，其大小大约扩大 1000 倍。

通过这个理论，我们再做上面的题就简单了。

一张纸对折 10 次的厚度约为：

$$0.0001 \times 1000 = 0.1 \ \text{米}$$

一张纸对折 20 次的厚度约为：

$$0.1 \times 1000 = 100 \ \text{米}$$

一张纸对折 30 次的厚度约为：

$$100 \times 1000 = 100000 \text{ 米}$$

第 29 次对折后的厚度约为 50000 米；

第 28 次对折后的厚度约为 25000 米；

第 27 次对折后的厚度约为 12000 米；

第 26 次对折后的厚度约为 6000 米；

......

折叠次数	倍数	厚度（米）
1	2	0.0002
2	4	0.0004
3	8	0.0008
4	16	0.0016
5	32	0.0032
6	64	0.0064
7	128	0.0128
8	256	0.0256
9	512	0.0512
10（K 倍）	1024	0.1024
11	2048	0.2048
12	4096	0.4096
13	8192	0.8192
14	16384	1.6384
15	32768	3.2768
16	65536	6.5536
17	131072	13.1072
18	262144	26.2144
19	524288	52.4288

折叠次数	倍数	厚度（米）
20（M 倍）	1048576	104.8576
21	2097152	209.7152
22	4194304	419.4304
23	8388608	838.8608
24	16777216	1677.7216
25	33554432	3355.4432
26	67108864	6710.8864
27	134217728	13421.7728
28	268435456	26843.5456
29	536870912	53687.0912
30（G 倍）	1073741824	107374.1824

当我们对折到第 27 次的时候，这张纸的厚度已经超过世界第一高峰了。

好了，现在再给你题目开始的那 100 万，你还要吗？

Q19 寻找最大值

用 4 根火柴摆出的算式如下：

最多移动两根火柴，使其变成一个运算结果数值最大的算式。

参考答案

　　其实这个问题并不难，只是看你找到的是不是最大值，有没有人还能拼出比你的值更大的算式。

　　比如：

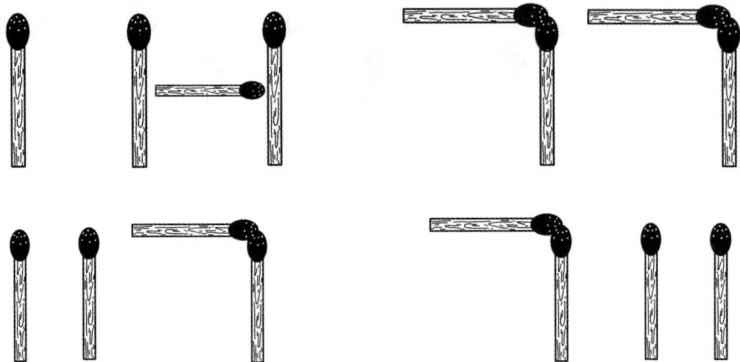

　　从想到用两根火柴可以拼成一个"7"，到拼成一个3位数，到把最大的"7"放到首位。是不是最大了呢？

　　不是，既然我们想到了3位数，为什么不能想到拼成一个4位数呢？

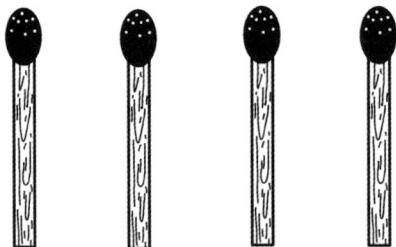

　　那么现在是不是最大了呢？

　　看上去似乎没有比这个数更大的了。实际不然，先来想想我们经常用到的数学运算符有什么？加、减、乘、除。在此题中基本不用考虑这些，因为加号和乘号都会占用两根火柴，那剩下两个"1"再做任何运算都没有意义了。真的是这样吗？

其实除了我们经常用到的"加减乘除"数学运算，还有一种叫"乘方"运算。

所以，我们可以找到以下几种答案。

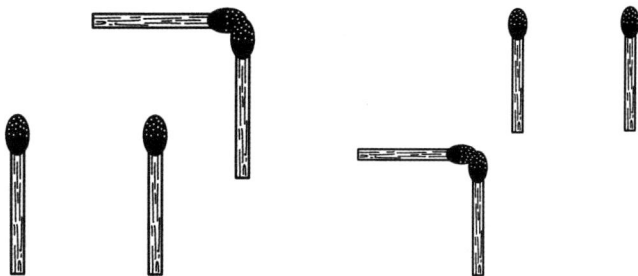

这两者相比，7的11次方的结果更大一些。那么，还有没有更大的呢？

有，就是11的11次方（为了防止大家一眼就看到答案，这里不再给出图形）。

似乎没有更大的了，如果你想到了，请告诉我。

同样的道理，如果是下图，最多允许移动两根火柴，你能得到的最大值是多少呢？

你是不是想说："207^{11}。"

错了，差得远着呢。

仔细想，看你能想到什么？我能想到的最大算式的结果大约是：

100000000……（"1"后面有两万多个"0"）

到底有多大呢？自己想。

我可以用一行很小的数字告诉你答案："11的21117次方。"

同样，如果你找到了更大的答案，请一定要告诉我。

来个脑筋急转弯：

如果同样是上面这个"2017"的图形，同样是最多允许移动两根火柴。请问，你可以摆出多少个不同的数值呢？

比如：

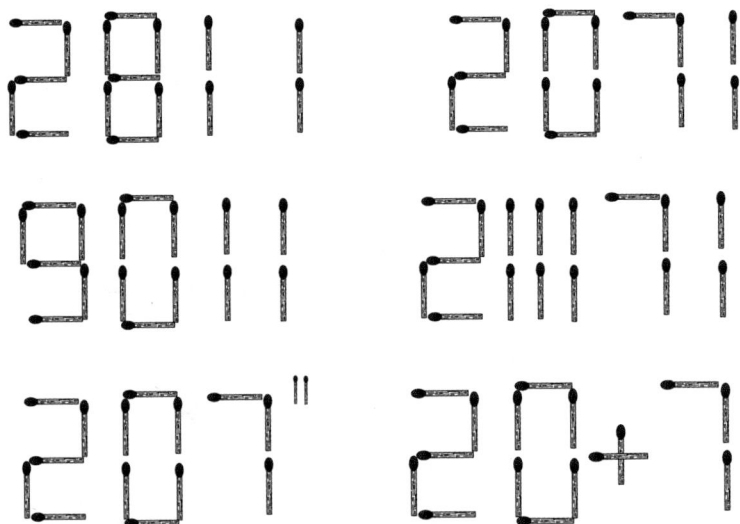

试一下，看你能想出多少种？

Q20　小朋友解鸡兔同笼

　　有个笼子里装着很多只鸡和很多只兔子。某人闲着没事干，就去笼子里数了一下，一共有100条腿儿，有33个头。问：笼子里有几只鸡？几只兔子？

　　小学二年级数学是没有解方程的，那么，如何让一个小学二年级的孩子听懂，并能自己解出这样的问题呢？

参考答案

现在我是一名很厉害的枪手，我走到笼子前，对着这一群鸡和兔子大喊一声："全体立正！"鸡和兔子都很听话，全都站得笔直。这时候掏出手枪"啪啪啪"，不管是兔子还是鸡，每个动物打断一条腿。这时候笼子里就成了独腿鸡和三条腿的兔子。

然后我感觉还不满意，于是又掏出另一把枪"啪啪啪"，每个动物又打断一条腿。这时候可怜的鸡全部倒下了，兔子们都用两条腿勉强站立着。

现在，我们来看看笼子里是什么状况。

笼子里还剩下一堆两条腿的兔子。有多少只呢？让我们来算一算：动物一共是33只，每只去掉两条腿，一共去掉了66条腿，还剩下34条腿。那么很明显，这34条腿全是兔子的了，因为鸡已经全倒下了，而剩下的兔子每只也只有两条腿。

所以笼子里一共有17只兔子（34÷2）。那么，鸡的数量就是16只（33-17）。

Q21　可怜的老鼠

有 1000 瓶水，其中一瓶水有剧毒。老鼠只要喝到有毒的水，10 分钟后死亡。假定每瓶水有足够分量，而且提供充足可用的取样设备。

现在只给你 10 分钟时间，你至少需要几只老鼠才能找出哪瓶水是有毒的?

参考答案

我们先从已知的条件中去找可以利用的信息：

老鼠服毒后10分钟死亡，而我们只有10分钟时间。因此每次只有利用一只老鼠的时间。

900瓶和1000瓶有区别吗？1001瓶呢？1025瓶呢？这里面有什么区别或者提示？

既然有取样设备，说明我们可以把多瓶水进行混合。

为什么要问1001和1025有什么区别？当然有区别，一个是10位二进制数能表示的数据，一个是超出10位二进制的表示范围。

牛人的解题思路

为了便于叙述和区分，我们把这1000瓶水都进行编号。分别是1~1000号。

现在我们来配制10瓶混合液。

分别取样如下：

序号	取样范围							
1	1-512							
2	1-256				513-768			
3	1-128		257-384		513-640		769-896	
4								
5								
6	每隔16瓶取16瓶							
7	每隔8瓶取8瓶							
8	每隔4瓶取4瓶							

序号	取样范围
9	每隔 2 瓶取 2 瓶
10	隔 1 瓶取 1 瓶（即只取奇数瓶）

如果大家觉得晕，我们以8瓶为例子来说明。

我们制作三个样本：

样本一：1~4号瓶各取一滴（给1号老鼠喝）。

样本二：1、2、5、6号瓶各取一滴（给2号老鼠喝）。

样本三：1、3、5、7号瓶各取一滴（给3号老鼠喝）。

结论：

如果1、2号老鼠死，说明毒药在样本一和样本二中。（1，2，3，4）和（1，2，5，6）求交集，得出（1，2）。又根据3号老鼠活着得出1号瓶没有毒，得出结论是2号瓶有剧毒。

如果只有1号老鼠死，得出有毒样本在（1，2，3，4）号瓶中，又根据2、3号老鼠活着，得出（1，2，3）号瓶无毒。所以结论是4号瓶有剧毒。

如果3只老鼠全死，得出3个样本的交集为1号瓶，因此得出1号瓶有剧毒。

如果你能理解这个推理思路，那么我们扩展到1024瓶以后，同样可以用10个样本来推论出哪个瓶子里有剧毒。

外星人的解题思路

理解了上面的解题思路后，我们来看看外星人是如何快速找到答案的。

我们还是以8瓶水为例。先分别用二进制给8瓶水进行编号。

编号	1	2	3	4	5	6	7	8
第一位	0	0	0	1	1	1	1	0
第二位	0	1	1	0	0	1	1	0
第三位	1	0	1	0	1	0	1	0

取样原则：

样本一：取编码第一位全是1的（4、5、6、7）。

样本二：取编码第二位全是1的（2、3、6、7）。

样本三：取编码第三位全是1的（1、3、5、7）。

推理结果：第几只老鼠死就把那位编码设为1，活着的老鼠编码为0。

第一、三只老鼠死，那么编码应该为：101，因此瓶编码为101对应的5号（其实就是对二进制进行转换）。

比如第二、三只老鼠死，编号就是011，即3号瓶。

好了，我们现在可以扩展到1024瓶了（1000瓶的思路也是一样）。

编号	1	2	3	…	1021	1022	1023	1024
第一位	0	0	0	…	1	1	1	0
第二位	0	0	0	…	1	1	1	0
第三位	0	0	0	…	1	1	1	0
第四位	0	0	0	…	1	1	1	0
第五位	0	0	0	…	1	1	1	0
第六位	0	0	0	…	1	1	1	0
第七位	0	0	0	…	1	1	1	0

编号	1	2	3	…	1021	1022	1023	1024
第八位	0	0	0	…	1	1	1	0
第九位	0	1	1	…	0	1	1	0
第十位	1	0	1	…	1	0	1	0

取样的原则是一样的：

样本一：取编码第一位全是1的。

样本二：取编码第二位全是1的。

样本三：取编码第三位全是1的。

……

样本十：取编码第十位全是1的。

现在可以给10只老鼠编上号让它们去喝这10个样本中的水了。然后等10分钟，看几号老鼠死了，就在第几位标上1，即可轻松得出结论了。

比如，第二、三、五、六、八号老鼠死了，那结论就是0110110100号瓶有剧毒，即436号瓶（将0110110100转换成十进制）。

Q22 硬币拼图

用5枚同样的硬币拼成一个图形，每一个硬币都与另外的4个硬币有接触。

参考答案

如果是3枚硬币，这个问题是不是特别简单？

如果是4枚硬币呢，是不是也有一个办法？

　　5枚硬币怎么办？有人是不是想说在最底层再放一个，不就解决了吗？仔细想想不对啊，因为这样的结果是最上面的一个硬币和最下面的一个硬币没有办法接触。

　　其实这个题目的关键还是突破常规的思维模式。

　　从最开始我们只想到硬币只能在一个平面上平铺摆放，到突破后可以把硬币上下放两层。

　　然后再突破一次，就有了下面的图形。

希望大家先看上面的文字，而不是一眼就看到了图形。

上面的答案中哪一点是我们没想到的？

有时候大胆地突破一下，答案就出来了。

Q23 让人急哭了的火柴拼图（1）

传说很久以前，一个小伙子爱上了一个姑娘。有一天小伙子向姑娘表白，却遭到了姑娘的拒绝。小伙子很伤心，问："为什么？"姑娘回答："我感觉不到你的真心。"小伙子说："我是真心喜欢你啊！"姑娘说："那好吧，我现在给你出一道题，然后给你一炷香的时间，如果你能解出来，我就相信你！"

于是姑娘就出了下面这道题目：

将5根火柴都从中间折断，然后拼成下图的样子。只允许动一下，使下图变成一个五角星的形状（即只动一下将左图变为右图）。

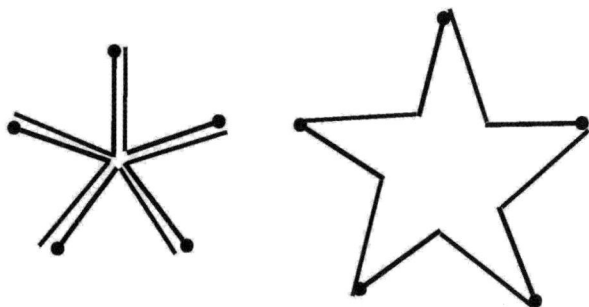

参考答案

我先来告诉大家故事的结局：

小伙子和大家一样，百思不得其"解"，眼看着那炷香马上就要烧完了，小伙子越来越觉得命运的不公，最后伤心地流下了一滴眼泪。

就在这时候奇迹出现了，小伙子的眼泪刚好滴在左边图形的正中心位置上，这时候一炷香的时间刚好到，小伙子伤心地闭上了眼睛。就在此时，5根火柴棍神奇地自己动了起来，然后慢慢地变成了右边图形的样子。

这不是神话传说，这是经过试验后得到的结论，也是此题唯一的正确答案。

题目要求：只允许动一下。

正确答案：只需要朝左边图形正中心滴一滴水，就能让5根火柴自动变成右边图形的样子。

原理：火柴折断后并没有完全分开，在水的作用下火柴会发生膨胀，加上水的浮力作用会减少火柴和桌面的摩擦力，于是火柴慢慢地伸直，于是就自动变成了右图的样子。

对于这样的解释，你信吗？建议大家去尝试一下！

Q24   不许用方程

大毛有18个苹果，小毛有10个苹果。兄弟两人都拿出同样数量的苹果送给妹妹后，大毛的苹果数是小毛的2倍。请问妹妹有几个苹果？

大毛有18个苹果，小毛有10个苹果。兄弟两人都拿出同样数量的苹果送给妹妹后，大毛的苹果数是小毛的3倍。请问妹妹有几个苹果？

要求：不能用方程式，还得让小学生能学会的方法。

参考答案

不能用方程式，我们必须换一个思路来思考这个问题。

当大毛和小毛把苹果送给妹妹后，大毛的苹果是小毛的2倍。

现在假定他俩还都没送给妹妹苹果，先把小毛的苹果翻倍，然后变换规则：大毛每拿出1个苹果，小毛必须拿出2个苹果，什么时候两人的苹果数一样多？

其实很简单，也就是小毛（2倍后）比大毛多几个，就需要拿几次。于是：

$$10 \times 2 - 18 = 2$$

所以，他们每人拿出2个苹果后，大毛的苹果数是小毛的2倍。即：

$$18 - 2 = 2 \times (10 - 2)$$

因此得出，妹妹有4个苹果。

同样的道理，当是3倍时，怎么推理呢？

把小毛的数量翻3倍，大毛每拿出1个，小毛拿出3个，看什么时候两人的苹果数一样多。其实就是两个差额的一半。即：

$$(10 \times 3 - 18) \div 2 = 6$$

因此，妹妹的苹果数为12个。

Q25　硬币排列

10枚硬币拼成下图，要求：只移动2枚硬币，让下图变成一个上下左右都对称的图形，并且使行和列都是6枚硬币。

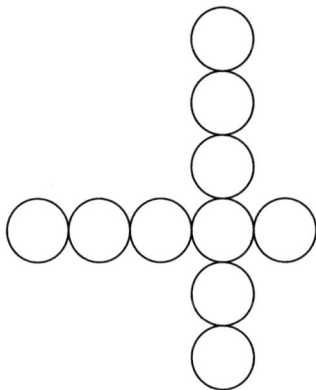

参考答案

我们先来看一下对称轴在哪里？因为只允许移动2枚硬币，所以对称轴还是应在硬币的中心线上，如下图。

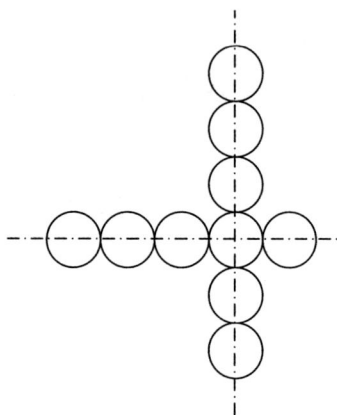

这个题目的要求有两个：一个是要求上下左右对称，另一个是要求行和列数量都是6。我们来试着一步步解决。

先将行的硬币排列为左右对称，移动方法如下图。

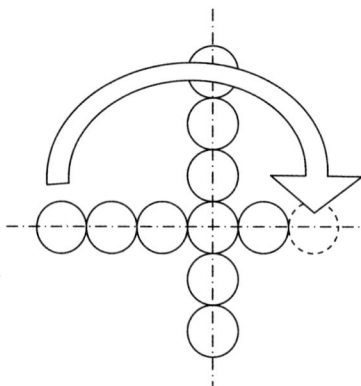

　　现在已经满足左右对称的要求了，但是题目要求行和列都是6枚硬币，我们无论怎么移动，也不能让硬币形成上下对称的状态。其实很容易得到一个答案：在十字交叉的图形中应该有11枚硬币才能满足这个要求，计算方法是：

$$6 + 6 - 1 = 11$$

　　减1就是减去一个交叉点的共用硬币。

　　如果有两个交叉点的话，是不是就可以按上面的公式少用两枚硬币呢？

　　那么怎么让两条直线有两个交叉点？在数学上没有办法，但是在此题中却有办法。因为，我们所用的物品是硬币。

　　没错，就是让硬币重叠放置。只需要把最上面的硬币移到交叉点上重叠放置就可以了（下方右图中心的灰色部分为两枚硬币重叠）。

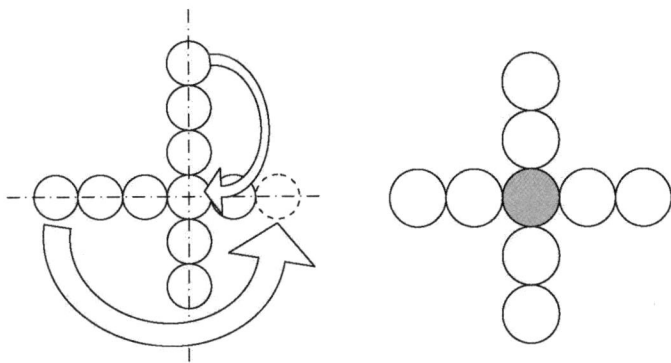

　　核对一下答案，是不是符合题目要求了。

Q26 疯狂爬楼

　　某楼有1001根电线，电线的两头分别位于1层和30层的两个中心机房。工程师在施工时发现这1001根电线忘了贴标签，而且电线的颜色都一样。问题来了，现在允许你剥开线头，并给你足够多的标签纸、一个足量的电池、一个灯泡。现在假定工程师正处在1层，问工程师至少需要楼上楼下跑几次才能把这1001根电线一一对应并贴好标签？

　　大楼还在建设中，电梯还没投入运营，上下楼只能走楼梯。

参考答案

首先，提示一下大家：

1.题目中的层楼数"30"没有用，就算是二楼来回跑一样会疯掉。

2.1001根和101根、11根的解题思路是完全一样的。

3.电池和灯泡是用来做什么的。

告诉大家答案，只需要上下跑一次就足够了。

为了能让大家明白，如果只上下一次就能解决这1001根电线，我们先从最简单的5根电线开始说起。

现在假定有5根电线，以同样的要求来完成这个题目。如果你能明白这5根电线的方法，那么对1001根和10000001根的原理也就同样能理解。

第一步，在楼下把所有电线贴上标签：X1、X2、X3、X4、X5。

第二步，把X1、X2拧在一起，X3、X4拧在一起，X5单独放置。如下图，虚线表示两条线拧在一起。

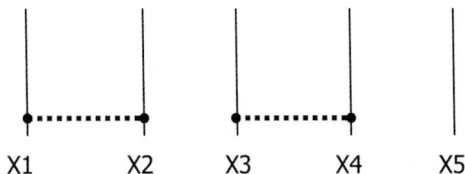

第三步，上楼，开始用电池和灯泡来测量。我们可以找到哪两根电线是和楼下的X1、X2对应的两根，分别贴上标签Y1、Y2。（这时候我们还不知道Y1、Y2哪根对应的是X1，哪根对应的是X2。没关系，我们随便标上标签Y1和Y2就可以。）

用同样的测量方法找出Y3和Y4，并贴好标签。

找出那根单独的线，标明Y5。

第四步，将Y4、Y5拧在一起，将Y2、Y3拧在一起，Y1单独放置。然后下楼。

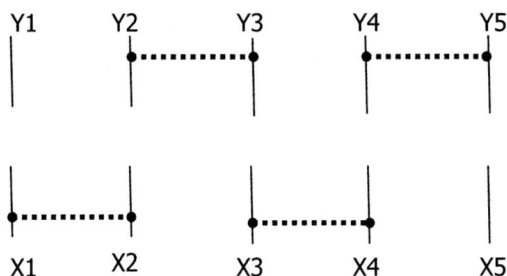

第五步，到楼下后将原来的X5贴上Z5的标签。

将原来拧在一起的全部拆开，保留原有标签。开始用电池和灯泡进行测量，将与Z5相通的那根电线标明为Z4（肯定是原X3、X4其中一根），原来与Z4拧在一起的那根标明Z3（即原X3、X4中剩下的那根）。

同样的道理，将与Z3相通的那根电线标明Z2，原来与Z2拧在一起的那根标明为Z1，或者说剩下的那根就是Z1。

至此，5根电线我们已用Y1、Y2、Y3、Y4、Y5与Z1、Z2、Z3、Z4、Z5分别对应标出。

运用同样的道理，可以轻松地解决1001根或者1000001根电线，但是问题来了，为什么是1001根呢？为什么不是1000根？如果是1000根电线的话，我们解决这个问题，是变得更简单了还是更难了呢？

其实要解决这个问题，你只需要来尝试一下6根电线的解决思路。

在这里我只给大家提供一个解决的思路供大家参考，与5根的解法略有区别（下图为6根的情况）。

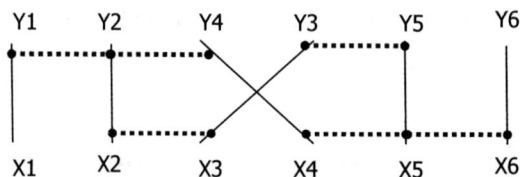

Y1   Y2   Y4   Y3   Y5   Y6

X1   X2   X3   X4   X5   X6

（下图为8根的情况）

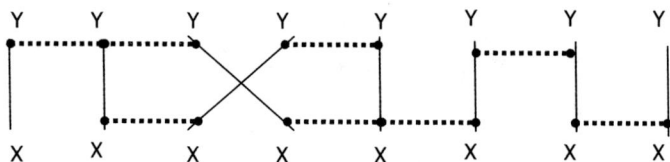

Y   Y   Y   Y   Y   Y   Y   Y

X   X   X   X   X   X   X   X

在上述思路的解说中有个漏洞，你发现了吗？

Q27 让人急哭了的火柴拼图（2）

只允许移动一根火柴，请问：如何在下图中拼出一个正方形？

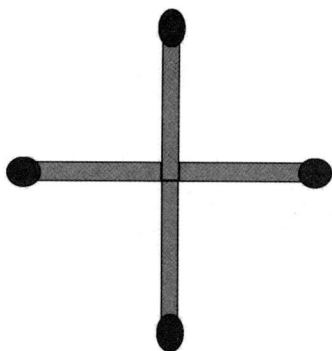

参考答案

别想了，答案就是如此的简单。

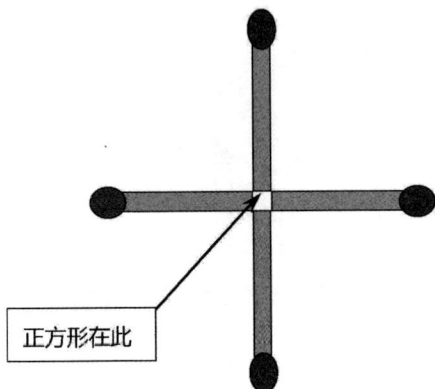

正方形在此

专栏3　到底转了几周

　　两个圆环，半径分别是1厘米和2厘米，小圆在大圆内部绕大圆圆周滚动1周，问小圆自身转了几周？如果在大圆的外部，小圆自身要转几周呢？

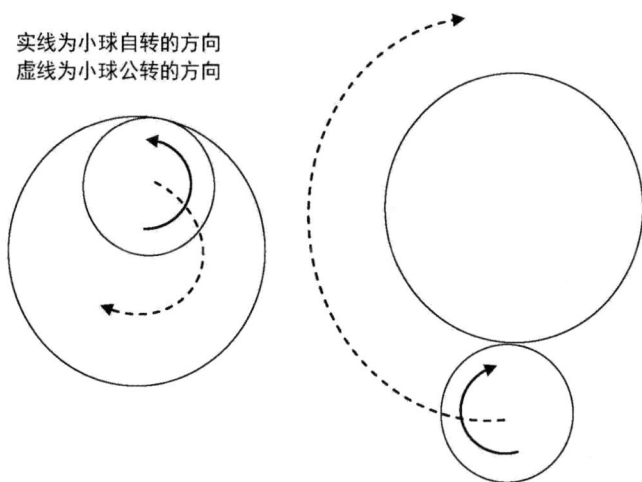

实线为小球自转的方向
虚线为小球公转的方向

　　因为大圆的半径是小圆半径的2倍，所以根据圆的周长计算公式：

$$周长 = \pi \times 直径$$

所以，大圆的周长是小圆周长的2倍。

　　因此我们得到这样一个结论：

无论小圆是在大圆内部沿着大圆圆周滚动还是在外部沿着大圆圆周滚动，都是滚动了小圆自身周长 2 倍的距离。

所以我们得出小圆自身转动了 2 圈。

事实真的是这样吗？

如果把大圆看成一条线，把它剪断并拉直。那么小圆绕大圆圆周转 1 周，不论是从内部还是外部都会变成从直线的一头滚至另一头。这时候直线长就是大圆的周长，是小圆周长的 2 倍。在这种假设的条件下，小圆要滚动 2 圈。

但是当小圆不是沿直线而是沿大圆滚动，小圆在滚动的同时还会有一个动作，这个动作叫作自转。

当小圆沿大圆滚动时，小圆自身会随着滚动做自转。当小圆滚动 1 周回到出发点时，小圆正好自转 1 周。

当小圆在大圆内部按顺时针方向滚动时，小圆自转的方向与绕大圆滚动的方向相反，所以小圆自身转了 1 周。

当小圆在大圆外部按顺时针方向滚动时，小圆自转的方向与绕大圆滚动的方向相同，所以小圆自身转了 3 周。

Q28 快递怎么才省钱

某一网店有3种商品，质量分别是230g、270g、290g。快递包邮的限额是3kg（如果超出3000g，就要额外付昂贵的运费）。现忽略包装的重量，问如何选择3种商品的比例才能让总质量刚好是3kg？

参考答案

这个题目的解答，如果给出足够多的时间，我们用穷举的方法，是完全可以找到一个正确答案的。但是那就不叫解题了，那叫"凑"。

这个题目有没有解法呢？

我们先来做一个分析：

我们按最轻的商品来计算，3000g最多可以有：$3000 \div 230 = 13 \cdots 10$，即13件。

再按最重的商品来计算，3000g最多可以有：$3000 \div 290 = 10 \cdots 100$，即10件。

因此，可以得出一个结论：商品的总数最小为10件，最大为13件。

有了这个限制条件，我们来列一个方程组，假设三种商品的数量分别为x、y、z，则有：

$$230x + 270y + 290z = 3000$$

$$x + y + z = S$$

将$S=10$、$S=11$、$S=12$、$S=13$分别代入上面的方程组，然后求解。最后得到一组x、y、z的值均为正整数的解，便是此题的答案。

答案：230g的商品数量为7件，270g的商品数量为3件，290g的商品数量为2件。

Q29　谁是前三

　　有25位运动员参加100米跑步比赛，现场只有5条跑道。假定运动员每次跑出的成绩都是稳定的，问最少要比几轮才能决出冠军、亚军和季军？

　　（我们没有可以用来计时的秒表。）

参考答案

这个题目听起来很简单。

5条跑道，每次可以让5个运动员为一组参加比赛，决出第一名。

5轮后可以得到5个小组第一名。

5个小组第一名再比一轮，决出冠军、亚军、季军。但事实真的是这样吗？

首先，我们来想想男足世界杯的比赛是如何进行的。一般是32支球队分8个小组，每个小组4支球队。小组赛淘汰2支球队，另外2支进入后面的比赛（1/8决赛）。为什么小组赛不是直接淘汰掉3支球队，让成绩最好的一支球队直接进入1/4决赛呢？

原因很简单：这个小组的第二名的水平很有可能比另一个小组的第一名的成绩还要好。

同样的道理，在5人小组赛中的第二名有可能比另外小组的第一名的成绩还要好。所以，直接用5个小组第一名来决出前3名是不科学的。

那怎么办呢？是不是要5个小组第二名再比第七轮？

似乎是没有意义的，因为我们无法去比较第七轮的第一名的成绩应该处在第六轮的哪个位置。

那怎么比？

为了更好地说明，我们假定把25个运动员分为5个小组，编号分别是：

第一小组A1、A2、A3、A4、A5。

第二小组B1、B2、B3、B4、B5。

第三小组C1、C2、C3、C4、C5。

第四小组D1、D2、D3、D4、D5。

第五小组E1、E2、E3、E4、E5。

我们假定前5轮小组赛结束后，5个小组第一名分别是：A1、B1、C1、D1、E1。

第六轮：让5个"小组第一名"进行比赛。

然后，仍然假定比赛结果：前3名依次是：A1、B1、C1。好，问题来了。下一轮怎么比？

我们来进行倒推法，先把没有必要参加比赛的运动员淘汰：

C1目前暂时名列第三，并是C组的小组第一名。因此C组其他运动员不可能进入总排名的前三，可以淘汰。

B1目前暂时名列第二，并且是B组的小组第一名，因此B组的第三名及其以后的运动员不可能进入总排名的前三，可以淘汰。但B组的小组第二名（假定是B2）有可能成绩好于C1，需要再次进行比赛。

A1目前名列第一，同时又是A组的小组第一名。因为已经是确认的冠军了。但A组的小组第二名（假定是A2）、小组第三名（假定是A3）成绩有可能好于B1，需要再次进行比赛。

因此第七轮比赛的阵容出来了：A2、A3、B1、B2、C1。冠军已经确定是A1。

第七轮比赛的前两名分别是亚军和季军。

Q30　挪杯子

有10个杯子，左边5杯是装满饮料的，右边5杯是空的。只允许动2个杯子，让杯子变成满杯、空杯、满杯、空杯……依次排列。

参考答案

我们先假定杯子与杯子之间有足够的空隙，可以让杯子移动到任意位置。但是我们发现无论如何移动，也不能满足"一满一空"的要求。但是，如果是让两只杯子交换呢？我们是不是就可以满足题目的要求了？

但是题目又要求"只允许动两个杯子"，如果按照交换的理论，我们交换一次就是动了两个杯子了。这也是不可能达到题目要求的，除非我们能够交换更多次。

因此我们似乎是没有办法了？

但是这也正是我解开这个问题的关键。

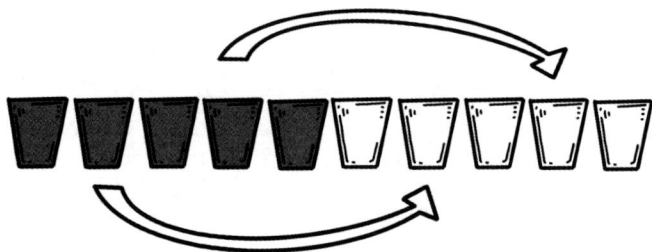

Q31 平分蛋糕

兄弟两人合买了一个长方形的蛋糕，可是在两人分蛋糕之前邻家调皮的孩子偷偷切走了一块，如下图，灰色部分是被偷走的。

请问：如何只切一刀，即可让兄弟两人得到的蛋糕一样大小?

参考答案

你是不是想到了如下图一样切开，正好得到两个对称的三角形的蛋糕呢？

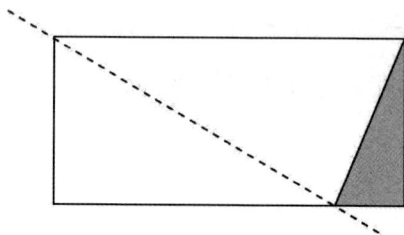

实际上是不可能的。因为：如果两个三角形大小相等，那么左下角的三角形的斜边应该与上方三角形的斜边相同，于是得出上方的三角形为等腰三角形。如果两个三角形大小相等的话，上方的三角形应该是直角三角形，此处出现矛盾，因此上方的三角形不可能与左下方的三角形形状完全相同。

那么是不是没有办法了呢？

认真读一下题目，我们要求做的是平分蛋糕，并不是平面几何图形分解。只需要在另一个维度上平均分配，一分为二即可。

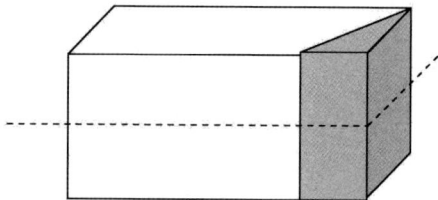

Q32　分乒乓球

有4949个乒乓球、100个盒子，把这些乒乓球全部装进100个盒子中，任意两个盒子中乒乓球的数量都不能相等。请问该如何分配这些乒乓球？如果不能满足条件，至少要增加几个乒乓球？

参考答案

100个盒子中任意两个盒子的乒乓球数都不能相同，所以，最大的可能就是分别装入1个、2个、3个……100个。

因此：

$$1+2+3+4+\cdots\cdots+100=5050$$

看上去，我们似乎需要5050个乒乓球才能满足题目的条件，实际上呢？

我们还可以做一个假设，可以让其中的一个盒子空着，也就是说该盒子的乒乓球数为0。

因此：

$$0+1+2+3+\cdots\cdots+99=4950$$

结论：至少需要4950个乒乓球。

当只有4949个乒乓球时，必定有两个盒子的乒乓球数量是相同的。若想满足题目的条件，只需要增加1个乒乓球。

Q33　45分钟计时

有两根粗细不均匀的香。已知两根香单独燃烧完所需要的时间都是1小时。现在假定每根香的燃烧速度都是稳定的，问如何只通过这两根香燃烧的时间来计时 45分钟？

参考答案

这是一个很经典的题目，首先不要想通过香的长度和燃烧速度的比例等方法来思考这个问题。题目已经说得很清楚了，这是两根"粗细不均匀"即形状不规则的香。何为形状不规则？就是不一定是什么形状，而且两根的形状也不尽相同。

首先我们来思考一个问题：45分钟和1小时的比例关系。

45分钟=3/4小时=1/2小时+1/4小时

如果能理解这个关系式，那么我们只要找到半小时的时间，再找到15分钟的时间，并且把这两个时间连接起来，就能得到一个45分钟的时间了。

我们先来看看怎么得到半小时的时间。

一根香单独点燃完全燃烧完的时间是1小时，将两头都点燃的话，燃烧完的时间就是半小时。

那么如何得到一个15分钟的时间呢？其实也很简单，就是把一根已经燃烧了一半的香两头点燃，直至燃烧完，就可以得到一个15分钟的时间。

那么如何确认一根香刚好燃烧了一半呢？就是从点燃开始算再过半小时，这根香就刚好燃烧了一半。

现在把上面的假设综合起来，问题就能解决了。

首先把两根香同时点燃，一根点燃一头，另一根点燃两头。

半小时后，点燃两头的香燃尽。另一根香刚好燃烧到一半。这时候再点燃这半根香的另一头，使其两头同时燃烧（此时已经过去30分钟）。

15分钟后，第二根香燃尽。

至此，刚好45分钟。

问题来了，如果想得到一个67.5分钟的时间，至少需要几根香呢？

Q34 火柴三角形

如何用6根火柴拼成4个同样大小的三角形？（注：不得破坏火柴。）

参考答案

先来尝试多种拼法，发现根本没有办法做到。

其实有时候我们的思路就是这样被自己的思维所限制，如果把题目稍微改一下，你应该马上就会想到答案。

"如何用6根火柴拼4个同样大小的三角形（不限于一个平面内）？"

是不是马上就有思路了？

没错！就是摆一个正四面体。

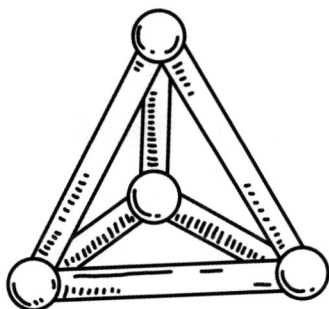

同样的道理，试试下面的题目吧。

用12根火柴拼6个同样大小的正方形。

Q35　世纪难题

假设：

1 = 5

2 = 15

3 = 215

4 = 2145

那么：

5 = ?

参考答案

是不是已经有很多自认为数学特别好的同学开始在大脑中或者拿笔在纸上努力地演算，试图从上列的算式中找到规律。

比如，结果的最后一位都是5，试图从1、21、214中找到规律……

你们想的都没错，但是你们把简单的问题复杂化了，这个题目本身就已经给出了答案。

因为：1＝5，所以：5＝1。是的，这就是答案。

Q36　帮工匠分银锭

古代有一个工匠，请了一个助手来帮忙干活，并商议好工钱是一天一结。工匠手里只有一块15两的大银锭，现在工匠有一次机会可以把大银锭分成4个小银锭。若想保证每天都能按约定给助手结算当天的工钱，请问工匠该如何分配这4个小银锭的重量？

提示：假定这个助手在工匠家有一个属于自己的小抽屉，他每天领到工钱后都把钱锁在自己的小抽屉里，而不能拿回家，什么时候全部完工了什么时候才能拿回家。

参考答案

　　这道题目就是通过4个小数额的银锭，组合出1～15个不同的数额，但是这个工匠只有总数15两的银锭，怎么分配合适呢？

　　这道题目是不是很容易让你想到人民币面值的分配问题？

　　1元？5元？10元？

　　如果我们支付9元，是需要一个5元和一个4元，似乎不能满足题目的要求。

　　但是这个思路我们是可以借鉴的，只是需要把分配的方式略微调整一下。那么什么样的分配方案可以满足题目的要求呢？

　　你有没有想过，为什么题目的设计总量为15两呢？

　　可能大家从其他地方见过类似的题目：比如总量为7，要求分成3块。

　　如果是31要求分成5块呢？

　　如果是63要求分成6块呢？

　　如果是127要求分成7块呢？

　　我想聪明的朋友已经明白了，$2^3=8$，$2^4=16$，$2^5=32$……

　　因此，7、15、31……与此就有了对应的关系。所以我们的根本方案是：1、2、4、8……

　　验证：

　　1=1　　　2=2　　　3=1+2　　　4=4　　　5=4+1　　　6=4+2

　　7=4+2+1　　8=8　　　9=8+1　　　10=8+2　　　11=8+2+1　　　12=8+4

　　13=8+4+1　　　14=8+4+2　　　15=8+4+2+1

　　因此，如果想要提高本题目的难度，可以把已知条件中15两换成31两，分成4块改为分成5块，或者63两分成6块、127两分成7块、255两分成8块……

专栏 4　奇妙的飞行

阿毛站在某地遥控玩具飞机，从自己面前起飞向正北方向飞行 100 米，然后转向正西方向飞行 100 米，又转向正南方向飞行 100 米降落。这时候玩具飞机刚好降落在自己面前，即刚才起飞的位置。我们忽略现实中各种误差，只从理论的角度来分析，阿毛的玩具飞机是从什么地点起飞的？

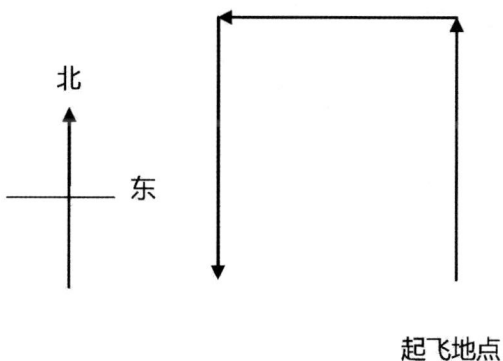

北

东

起飞地点

题目中专门强调是向正北、正西、正南方向飞行，所以在一个平面内是不可能最终回到原点的。

把这个题目移动到一个立体的空间里，结果又是如何呢？

我们假定飞机可以上下飞行，100 米的飞行距离是包括了上下飞行的距离。比如当飞机向正北方向飞行时，平面距离只飞行了 1 米，另外的 99 米都用于上升。但是，只要飞机飞行的方向是正北，哪怕 0.01 毫米，理论上经过正北→正西→正南的路径后也不可能回到原点。因为这里面缺少了一个向东飞行的过程。

所以，我们需要找到一个点，这个点可以让飞机实现一个近似三角形的飞行路线，并且满足 3 次飞行都是正方向。

于是走遍地球，我们终于找到了这个地方：南极。

由极点出发向正北，然后转向正西，再转向正南。

刚好回到极点。

其实有了这个思路，再仔细想想，在地球的某个位置是不是还存在着满足这个条件的点呢？

还真有。

北极点附近（如下图，中心点为北极点）。

现假定经过 B 点的圆的周长为 100 米，且 AB 两点的距离为 100 米。

飞机从 A 点起飞, 向北 (即圆心方向) 飞行100米, 到达 B 点; 然后向西飞行100米, 正好绕圆一周, 回到 B 点; 再向南飞行100米, 正好回到 A 点。

所以, 从经过 A 点的圆上任意地方起飞, 都能满足题目的要求。

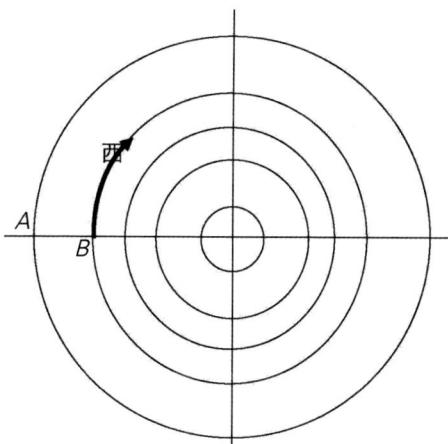

那么, 还有没有其他的点呢?

Q37　量球的半径

如何在一个空房间里只用直尺测量出一个实心铁球的半径?

注意:房间里只有这个实心铁球和这个直尺,没有其他可以辅助的物品。必须直接测量,连最简单的加、减、乘、除运算都不能运用。允许有少量误差。

参考答案

可能你会想到利用光的投影什么的，其实没有这么复杂，而且光投射出来的影子有时候未必是那么清晰的，下面的方法就简单易行得多。

你只需要将实心铁球靠近墙面和地面，然后让球在墙面轻轻触碰出一个小点，只要有一点点的印记就好。

然后量出从这个标记点到地面的距离就可以了，如图中箭头标记的距离。

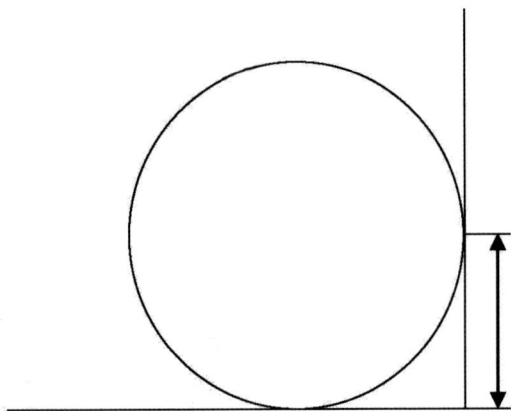

Q38　你是老司机么

请根据常见的规律，填写下表中的"？"处的内容。

1	3	5
2	4	?

参考答案

　　请注意，题目是：请根据"常见的规律"，为什么是"常见"？又为什么是"老司机"才会的题目？

　　所以，你应该知道答案了吧！

　　答案是"R"。

　　什么意思？

　　请看下图。

　　如果你连手动档的车都没开过，肯定不是老司机。

Q39 不求边长求体积

一个长方体，上面的面积是667cm²，右面的面积是69cm²，前面的面积是87cm²，那么这个长方体的体积是多少立方厘米？

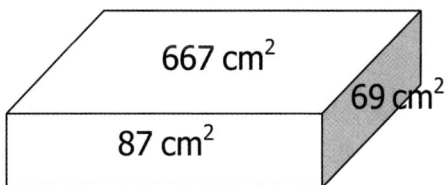

667 cm²

69 cm²

87 cm²

参考答案

只要列出相关的公式，答案自然就出来了。

假设这个长方体的3个边长分别是 x、y、z，然后得出以下方程：

$$\begin{cases} x \times y = 667 \\ y \times z = 69 \\ x \times z = 87 \end{cases}$$

看上去只有求出 x、y、z，即3条边的边长，才能求出体积。其实这个方程组没有必要去解，再列出一个方程组，就能轻松得到答案了。

这个长方体的体积为：

$$V = x \times y \times z$$

接着把上面的方程组做一个变形，把方程组的左边和右边分别相乘，就可以得到下面的等式：

$$x \times y \times y \times z \times x \times z = 667 \times 69 \times 87$$

左边整理后得：

$$(x \times y \times z)^2 = 667 \times 69 \times 87$$

即：

$$x \times y \times z = \sqrt{667 \times 69 \times 87}$$

我们没有必要求出3条边的边长，就可以求出这个立方体的体积。

Q40　想不到的神逻辑

$$1 \longrightarrow 4$$

$$2 \longrightarrow 3$$

$$5 \longrightarrow 0$$

$$6 \longrightarrow 3$$

$$7 \longrightarrow 2$$

$$8 \longrightarrow ?$$

$$9 \longrightarrow 4$$

参考答案

1→4

2→3

5→0

我们可以发现一个规律：前后两数的和为5，但是后面的几个数字就完全没有规律了。7+2＝9，6+3＝9，这也算是规律吗？

那么9+4＝13，所以8+？＝13，难道是这个逻辑？

？＝5，是不是很多人这样认为？

但这样的题目的逻辑和答案往往完全不是这个样子。

还记得幼儿园考小朋友的那个数圈圈的题目吗？

这个题目的答案是3，为什么？看下图有几个手指是弯曲着的。

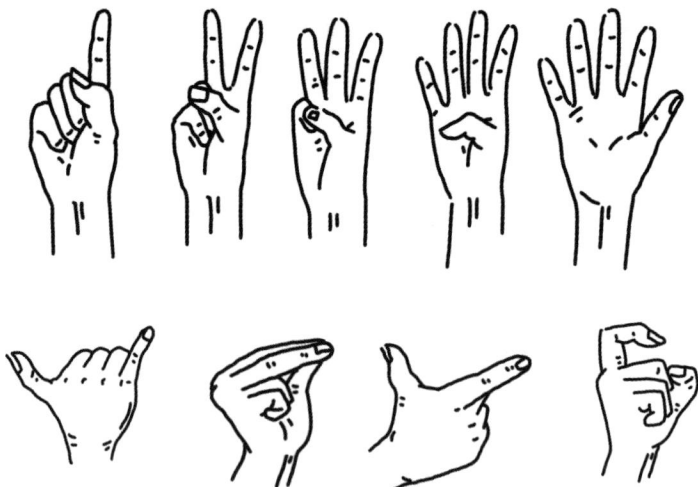

Q41　画线连点

　　如何在平面上设计9个点，并画10条直线，使每条直线都经过其中的3个点。

参考答案

这个问题最容易想到的答案就是：

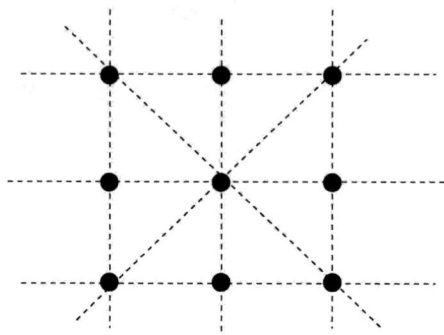

可惜这种方法只能画出8条直线。

把题目做了一点点的变形，即可得到下面的图形：

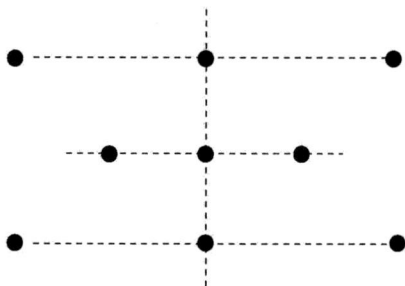

大家自己去尝试一下，看能不能画出10条直线来。

这个题目的解题思路，我们可以叫作"凑"，但是这个"凑"和前面那些与数字相关的题目的"凑"完全不是一个概念。这是在一个二维的平面上凑点。

就像是让一群人在排列队形一样，要不断地调整大家的站位方式，然后左看、右看、上看、下看，直到发现某个点出现一个有利的地形，使其成为几条直线的交叉点。

　　还有一点需要注意，这种图形的答案有一个规律，就是这个图形要么是上下对称的，要么是左右对称的，或者是上下左右都对称的。

Q42　不一样的球

有5个带数字的球（如下图）：

如何只通过乘、除运算列出一个算式，使其结果等于个位数为"0"的数。

参考答案

　　题目中5个数字，唯一可以进行整除运算的只有"9÷3"，但是得到的结果是一个已经有的"3"。

　　通过乘法运算能使结果的个位数为"0"的数只有两个：一个是"0的倍数"，另一个是"5的偶数倍数"。

　　我们可以利用的数字是"5"，但是没有偶数。其他数字无论如何做乘、除运算，我们似乎也不能得到一个偶数。此题是不是无解了呢？

　　再看题目，说有下面5个带数字的"球"。

　　为什么要强调是球呢？球有什么特征？

　　没错，球的特征就是可以滚动。

　　于是我们就有了下面的思路：

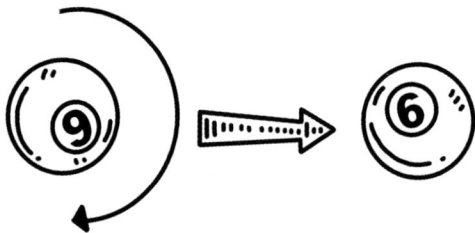

　　现在我们手上有一个"6"了，题目就变得很简单了。

Q43　火柴九宫格

下图是由24根火柴拼成的九宫格，如何移走其中的8根火柴，让它变成两个正方形呢？又如何移走8根火柴使其分别变成3个、5个、6个正方形呢？

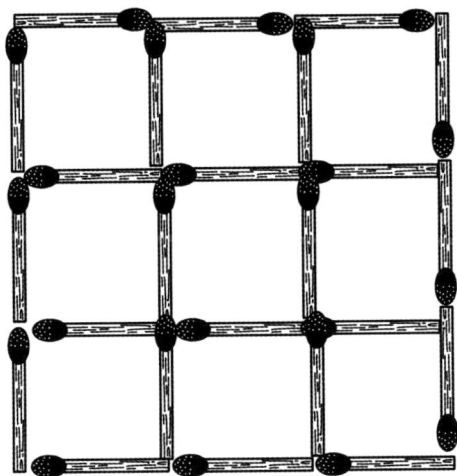

参考答案

其实不管是5个、6个，还是N个，解题的方法都是一样的。关键是，我们在推理的过程中，是不是被自己的一些习惯性思维模式限制了呢？

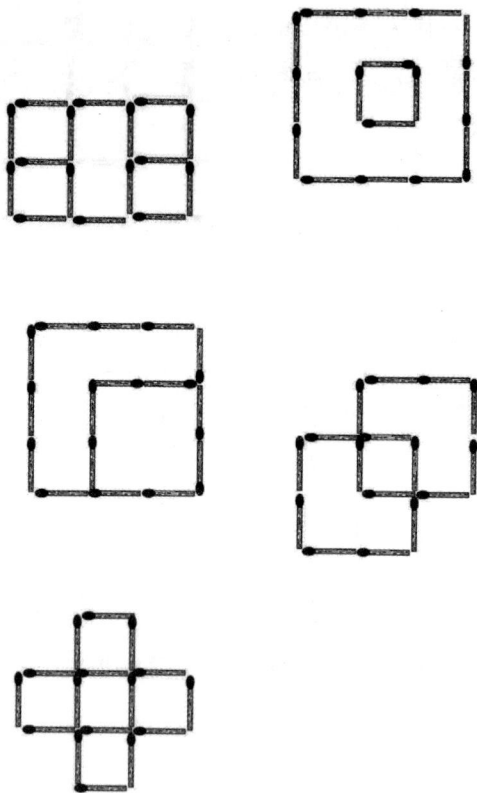

这类题目的关键是不要把思路局限于所有正方形的大小都相同，也不要局限于一定是直观的正方形。有些重叠或交叉的正方形也应考虑到，解决起来就容易多了，而且往往有很多种答案。

Q44 一笔之差

下面是一个错误的数学算式，如何只加一笔，使之成为一个正确的数学算式?

5+5+5=550

参考答案

先来个比较无厘头的答案，就是：

$$5+5+5\neq550$$

其实我们的思路往往限制在如何在上述的算式中添加一个数字（比如1、2、3、6、7、8、9这些可以一笔写出来的数字）来实现这个等式。

其实有时候我们可以想一想如何在运算符号上做文章。

所以，我们有了下面更有创意的答案：

$$545+5=550$$
$$5+545=550$$

Q45 可怕的硫酸

有两个透明的锥形瓶，其上下粗细不均匀。A容器空着，其容量超过5升，但上面没有刻度。B容器内装有8升硫酸，但容器上却只有5升和10升两个刻度。如何从B容器中将5升硫酸倒入A容器中？（注：没有第三个可以供使用的过渡容器和测量器具。）

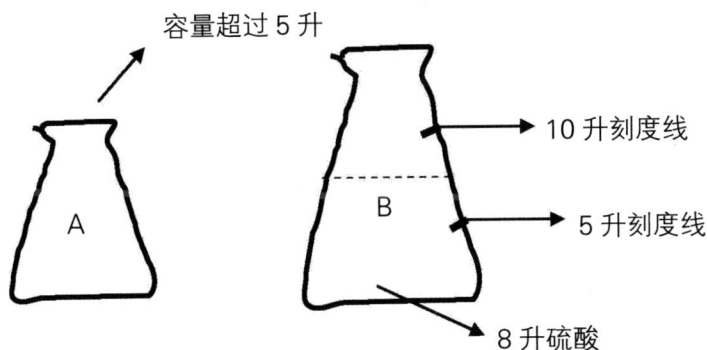

容量超过5升

A

10升刻度线

B

5升刻度线

8升硫酸

参考答案

解题时，我们应该多注意一下给出的限制条件。限制的条件常常是我们可以利用的条件。没有可供使用的过渡的容器，没有测量器具，那除了这两个之外的其他物品就都是可以用的。

把容器内的硫酸换成水，不知道你有没有新的思路？如果还没有思路的话，想想我们小时候熟知的一个故事，故事的名字叫"乌鸦喝水"。

找一些石子来，将液面上涨到10升刻度的位置，这时候，我们就可以按照刻度轻松地把上半部分的5升水倒出来了。

回到这个题目中，里面装的是硫酸，有什么区别吗？

只需要想想什么东西放到硫酸中不会溶解就行了。

答案是玻璃球。

尾声

这一段内容其实是应该放到正文中的，后来经过反复斟酌，感觉还是单独分成一个部分更好。因为总有些人觉得自己够聪明，或者说总觉得看完了就已经很聪明了。

其实还有更聪明的，不信你看下面的内容。这是对前面部分题目的解题过程和思路的补充，你看完了后会不会觉得这本书白看了？

酒鬼传说

还有一种超越外星人的解题思路：

$$1 瓶啤酒 = 2 元$$

由 2 个空瓶兑换 1 瓶啤酒得：空啤酒瓶的价格为每个 1 元。

由 4 个瓶盖兑换 1 瓶啤酒得：酒瓶盖的价格为每个 0.5 元。

所以啤酒的价格为：

$$2-1-0.5=0.5 元$$

所以，10元钱能喝到的啤酒数量为：

$$10 \div 0.5 = 20 \text{ 瓶}$$

分乒乓球

如果说本题中乒乓球的盒子不是完全相同的，或者说是可以任意设计的，那么是不是有一种完全不一样的解题思路呢？

第一个盒子空着；

第二个盒子里装着1个乒乓球和上面的第一个盒子；

第三个盒子里装着1个乒乓球 和上面的第二个盒子；

……

以此类推。

是不是只需要99个乒乓球，就可以让这100个盒子中的乒乓球都不相同了？

疯狂爬楼

在5根电线的例子的第三步中，我们说"可以找到哪两根是和楼下的 X1、X2 对应的两根"，实际上是找不到的。我们只能找到某两根电线是一对，但究竟是 X1、X2 还是 X3、X4？我们是没有办法确认的。

问题来了，下一步怎么办呢？

实际上解决的方法很简单：我们可以随意假设这一对就是 X1、X2，下一对就是 X3、X4。然后继续按原来的思路向下进行推理。

然后按照第五步的思路，我们一样能找出答案。也就是说，其实直到第五步，我们才能确认楼上的 X3、X4 对应的是楼下的哪一对。有可能对应 X1、X2，但也有可能对应 X3、X4。

奇妙的飞行

其实还有很多的可能性。比如，我们只需要将题目中第二种答案中的 B 点向极点移动，使经过 B 点的圆（续线）的周长变成 50 米、25 米、12.5 米、6.25 米……

即：经过 B 点时，绕极点环行 2 周、4 周、8 周、16 周…… 后，刚好飞行 100 米。

那么问题来了？

有没有可能绕行 3 周正好飞行了 100 米呢？

后记

智商无止境

我们俩，一个常年码代码，一个常年码文字。

其实码代码也好、码文字也罢，或许只是幼年时的一个情结。这事一旦成了用来养家糊口的职业，似乎就与"喜欢"二字没有一毛钱的关系了。

还好，我们两人都喜欢玩这种烧脑的智力游戏。于是这本书就诞生了。

酝酿了很久，实际在成文的过程中，却发现有些东西不是想象的那个样子。有些题目讲起来特别有意思，写出来、读起来就显得索然无味了。我们尽可能把适合阅读的有意思的题目筛选了出来，尽管还有些题目让有些人觉得仍然是那样的索然无味。

也许很多人觉得我的很多题目都是借鉴的。没错！我也没说这些题目都是我的原创，因为这不重要。重要的是我希望通过这本书让你在大脑中积累一个丰富的烧脑题库，为的是将来某一天、某一个场合、某些人拿出类似的题目来考你，或者吹牛的时候，你可以轻松地用这本书上的思路赢他们，来为自己赢得一些"*honorificabilitudinitatibussey*"。

不认识这个词没关系，可以自己去查。我只是想说明一个道理：

知识无上限，智商无止境！

只有不断地学习，超越过去的自己、现在的自己，尽可能知道这个世界上更多的秘密。

其实很多时候破解谜题就像欣赏一场变幻莫测的魔术表演，当魔术师把秘密揭开的时候，我们都会惊讶地感慨：

我怎么没想到？！

好吧，不管这本书是不是给了你一些惊喜，好在写完了。

回想一下计划写这本书，并敲下第一行字时，已经是一年前的事情了。原本计划 3 个月完成的书稿整整折腾了 13 个月。不管这 13 个月经历了什么，好在经过反复修改，最终算是顺利地写完了。

还有很多的地方总觉得需要进一步地商榷，留一点遗憾，在下本书稿中我们再去慢慢地弥补。相信我们，因为我们也一直行走在追求更聪明的路上，永无止境。

最后感谢在本书编写过程中各界好友的支持和帮助，感谢本书编辑郝珊珊女士的信任。由于水平所限，在本书编写过程中难免有错误和不当之处，敬请各位前辈高人批评指正。

仅以此书，致敬追求聪明的人！

附 录

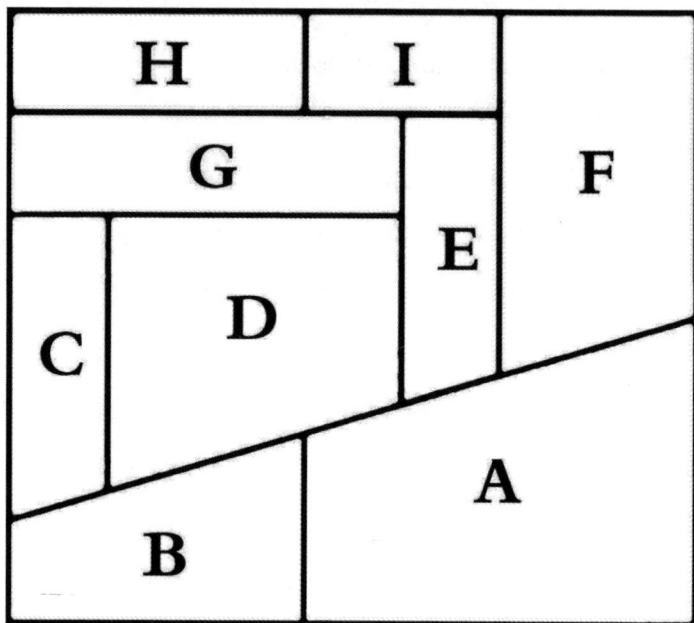